职业教育数字媒体技术应用专业系列教材

U0172127

Adobe Photoshop 2023
图形图像处理案例教程

主　审　李建新

主　编　李宝丽　张玉莲

副主编　张丽丽　王玉玲　王旭华　刘晓梅

参　编　马园园　姬海燕　张金秀

华中科技大学出版社
http://press.hust.edu.cn
中国·武汉

内容简介

本书依据教育部《中等职业学校计算机类专业教学标准》、中等职业学校计算机类相关专业平面设计课程标准，并参照计算机平面设计的行业规范编写而成。

本书紧密结合职业教育的特点，充分考虑平面设计职业岗位能力需求，采用项目教学法，通过设计基础、标志设计、文字设计、VI 设计、海报设计、DM 广告、书籍装帧设计、包装设计、数码照片处理、网页设计等典型项目、案例，使读者掌握 Photoshop 2023 的制作方法与技巧。

本书可作为高职院校、中等职业学校计算机相关专业的核心教材，还可供数字媒体、平面设计、计算机动漫与游戏制作等从业人员阅读参考，也可作为计算机类的培训教材。

图书在版编目（CIP）数据

Adobe Photoshop 2023 图形图像处理案例教程 / 李宝丽，张玉莲主编 . —武汉 : 华中科技大学出版社，2023.7
ISBN 978-7-5680-9616-4

Ⅰ . ① A··· Ⅱ . ①李··· ②张··· Ⅲ . ①图像处理软件—教材 Ⅳ . ① TP391.413

中国国家版本馆 CIP 数据核字（2023）第 135242 号

Adobe Photoshop 2023 图形图像处理案例教程   李宝丽   张玉莲   主编
Adobe Photoshop 2023 Tuxing Tuxiang Chuli Anli Jiaocheng

策划编辑：金　紫
责任编辑：陈　忠
封面设计：金　金
责任监印：朱　玢
出版发行：华中科技大学出版社（中国·武汉）　　电话：（027）81321913
　　　　　武汉市东湖新技术开发区华工科技园　　邮编：430223
录　　排：孙雅丽
印　　刷：湖北新华印务有限公司
开　　本：889mm×1194mm　1/16
印　　张：11.25
字　　数：348 千字
版　　次：2023 年 7 月第 1 版第 1 次印刷
定　　价：49.80 元

前　言

　　本书依据教育部《中等职业学校计算机类专业教学标准》、中等职业学校计算机类相关专业平面设计课程标准和计算机平面设计的行业规范编写而成。

　　本书从自学与教学的实用性出发，通过行业典型项目案例，在介绍 Photoshop 2023 各项功能的同时，帮助读者厘清了软件功能与实际应用的内在联系，实现"教学做合一"的理念。

　　本书根据教学标准的要求，依据循序渐进的原则，采用了项目教学法，根据平面设计岗位典型工作任务，设计了 10 个项目，21 个具体任务；从平面设计基础到软件具体应用，系统全面地帮助读者掌握平面设计的理念及技能，实现知识链与技能链的衔接。在每一个项目中，包含岗位能力、项目目标、岗位技能储备、岗位知识储备、技能拓展、知识树、习题、课堂笔记及工作页，为读者展示了企业典型工作任务制作流程。其中，"岗位技能储备""岗位知识储备"分析了完成典型工作任务应具备的技能点和知识点，帮助读者了解相关的新工艺、新技术、新规范；"知识树"以思维导图的形式帮助读者形成知识体系；"技能拓展""工作页"设计了"任务要求""制作要点""任务评价"等环节，帮助读者举一反三，对学习内容拓展提高。而项目中的每个任务从"学习情境描述""操作步骤指引""课程思政"环节帮助读者提高操作技能。每个任务案例精心设计，从不同的角度培养学习者的家国情怀和创新意识。

　　本书由山东省淄博市工业学校李宝丽、张玉莲任主编，烟台信息工程学校张丽丽、山东省淄博市工业学校王玉玲、山东省淄博市工业学校王旭华、山东省宁阳县职业中等专业学校刘晓梅任副主编，山东省宁阳县职业中等专业学校马园园、临沂市科技信息学校张金秀、山东时光坐标文化科技有限公司姬海燕参与编写。全书由山东省济宁卫生技工学校李建新主审。

　　本书教学以实际操作为主，建议教学时数为 96 学时，具体学时可参考下表：

项目	项目名称	学时
1	设计基础	6
2	标志设计	12
3	文字设计	8
4	VI 设计	12
5	海报设计	12
6	DM 广告设计	8
7	书籍装帧设计	12
8	包装设计	8
9	数码照片处理	10
10	网页设计	8
合计		96

本书配套新形态网络教学资源，请读者扫描书中二维码，下载相关素材、课件等教学资源。

由于时间仓促，书中难免存在一些不足之处，恳请广大读者批评指正。

本书咨询反馈邮箱：jinz@hustp.com。

编者

2023 年 4 月

目 录 CONTENTS

项目一　设计基础

平面构成、色彩构成和立体构成作为三大构成的组成部分，以各自特点在平面设计中发挥不同作用。平面构成囊括了点、线、面三大元素，其应用增强了二维平面设计的实用性、创造性。只有理顺点、线、面之间的构成关系并学会灵活运用，从视觉需求的角度进行重组，才能设计出自然、平和的平面作品。色彩构成通过还原自然中的色彩现象，对受众感知、心理产生刺激，满足人们的审美需求。同时，色彩构成还可以利用空间、质、量等的可变换性，重组各要素关系，从而呈现丰富多样的效果。

- 任务1　　平面构成
- 任务2　　色彩构成
- 任务3　　初识 Photoshop 2023

岗位能力

① 掌握平面构成的造型要素、表现形式以及形式美的法则，熟知色彩构成的三要素、色彩的对比与调和、色彩的心理，并能够在实际工作中结合主题要求灵活运用平面构成、色彩构成的相关知识进行作品设计。

② 了解 Photoshop 2023 的工作界面，熟悉位图与矢量图、像素与分辨率、图像的色彩模式，掌握常用的图像文件格式、标尺、参考线和网格线、图层等基础知识，增强处理图像的能力。

项目目标

1. 知识目标

① 掌握平面构成的造型要素、表现形式、形式美的法则。

② 熟知色彩构成的三要素、色彩的对比与调和、色彩的心理。

③ 了解 Photoshop 2023 的工作界面、位图与矢量图、像素与分辨率、图像的色彩模式，掌握常用的图像文件格式、标尺、参考线和网格线、图层等基础知识。

2. 能力目标

① 能运用平面构成的基础知识进行作品设计。

② 能运用色彩构成的基础知识进行作品设计。

③ 能快速掌握 Photoshop 2023 图像处理的基础知识，增强图像处理的基本能力。

任务 1 平面构成

走近平面构成

平面构成是设计的基础，它以特有的视觉形态和构成方式带给人们一种特殊的视觉美感。其形态的抽象性特征和构成形式组成了严谨而富有节奏律动之感的画面，营造出一种秩序之美、理性之美、抽象之美。平面构成是具有共性的设计语言，目前已成功应用于艺术设计领域，成为现代艺术设计基础的必经途径。

1.1　平面构成的造型要素

点、线、面是平面设计的基本元素。点、线、面在生活中并不存在，它们是人精神活动的产物，是人类从感觉上升到思维的结果。点、线、面给人以不同的视觉心理，影响着人的知觉、思想、情感及行动等心理活动。

1.1.1　点的定义及视觉特征

很多细小的形象可以理解为点，它可以是一个圆、一个矩形、一个三角形或其他任意形态。画面中的点由于大小、形态、位置不同，所产生的视觉及心理效果都是不同的。

1. 点的大小

在平面构成中，点的概念是相对的，是由点的大小和周围元素的大小两者之间的比例决定的。面积越小的形体越能给人以点的感觉；相反，面积越大的形体，就越容易呈现面的感觉，如图 1-1-1 所示。

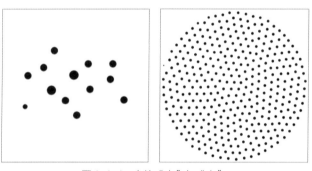

图 1-1-1　点的"大"与"小"

2. 点的形态

方形：平稳，端庄，踏实感，可依靠。

圆形：平稳，饱满，浑厚，有力量。

三角形或菱形：有指向性，有目的性。菱形比三角形对称，在平衡中寻求个性。

其他不规则的形状：张扬，独立且富有个性，在规则的图形里非常突出，而且往往用于丰富画面。

点的不同形态如图 1-1-2 所示。

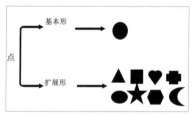

图 1-1-2　点的不同形态

1.1.2　线的视觉特征

直线：明快、力量、速度感和紧张感。

曲线：优雅、流动、柔和感和节奏感。

斜线：飞跃、冲刺感。

粗线：厚重、醒目、有力，视觉引导效果更直观。

细线：纤细、锐利、微弱，给人细腻感。

长线：修长，具有延伸的版式效果。

短线：果断、精致。

线的视觉特征如图 1-1-3 所示。

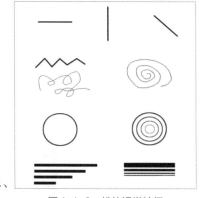

图 1-1-3　线的视觉特征

1.1.3　面的种类及视觉特征

1. 几何形的面

几何形的面分为直线形、圆形、曲线形、三角形，其表现规则、平稳、较为理性的视觉效果。

直线形：表现出安定和秩序感，也具有僵硬、直板的特征。

圆形：是最经典的中心对称图形，具有向心集中和流动等视觉特征，是完整圆满的象征。

曲线形：具有柔软、轻松、饱满的特点，给人轻松与灵动之感。

三角形：平放的时候具有稳定感，倒置的时候会产生紧张感。三角形以点的形态出现的时候，有种灵动的感觉，还容易产生出强烈的方向感。

几何形的面如图 1-1-4 所示。

图 1-1-4　几何形的面

2. 有机形的面

有机形的面即一种不可用数学方法求得的有机体的形态。其形态柔和、自然、抽象，是自然的流露，具有淳朴和充满生命力的情感象征，如图 1-1-5 所示。

3. 偶然的面

偶然的面是指通过自然或人为影响偶然形成的面，如通过喷洒、腐蚀、融化、喷溅等手段，便可以形成偶然的面，凸显出自由、活泼、富有哲理性的美感，如图 1-1-6 所示。

图 1-1-5　有机形的面　　　　　　　　图 1-1-6　偶然的面

1.2 平面构成的主要表现形式

1. 重复构成

重复构成是以一个基本单形为主体，在基本格式内重复排列，排列时可作方向和位置变化，具有很强的形式美感，如图 1-1-7 所示。

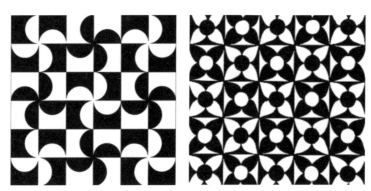

图 1-1-7　重复构成

2. 近似构成

近似构成是有相似之处的形体之间的构成形式。寓"变化"于"统一"之中是近似构成的特征。近似构成是重复构成的轻度变异，比重复构成更加丰富、生动，如图 1-1-8 所示。

图 1-1-8　近似构成

3. 渐变构成

渐变构成是把基本形体按大小、方向、虚实、色彩等关系进行渐次变化排列的构成形式。在设计中，渐变构成也是重复构成的一种特殊形式。它的美不仅体现在形态的渐次变化上，还能让人感觉到空间、时间、距离等概念的意义，如图 1-1-9 所示。

 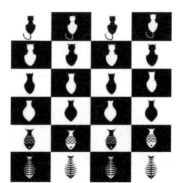

图 1-1-9　渐变构成

4. 发射构成

发射构成是以一点或多点为中心，呈向周围发射、扩散的视觉效果。发射构成具有很强的空间速度感、节奏感、辐射感和方向感，可以产生强烈的视觉效果，如图 1-1-10 所示。

图 1-1-10　发射构成

5. 空间构成

空间构成是利用透视学中的视点、灭点、视平线等原理所求得的平面上的空间形态。"反转空间"是空间构成的重要表现形式之一，如图 1-1-11 所示。

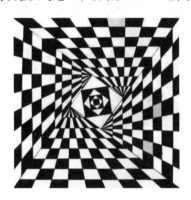 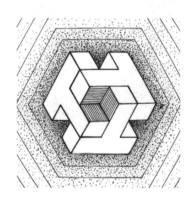

图 1-1-11　空间构成

6. 特异构成

特异构成是在一种较为有规律的形态中进行小部分的变异，以突破某种较为规范的单调的构成形式。特异构成在平面设计中有着重要的地位，它是重复构成的一种表现形式。要打破一般规律，可以采用特异构成，它容易引起人们的心理反应，如图 1-1-12 所示。

图 1-1-12　特异构成

7. 密集构成

密集构成是利用基本形数量排列的多少，产生疏密、虚实、松紧的对比效果，如图 1-1-13 所示。

图 1-1-13　密集构成

8. 对比构成

对比构成是较密集构成更为自由的构成形式，它可以使形象更鲜明，视觉感受更强烈，如图 1-1-14 所示。

图 1-1-14　对比构成

9. 肌理构成

凡凭视觉即可分辨的物体表面纹理，称为肌理。以肌理为元素的设计就是肌理构成。在设计中，为达到预期的设计目的，强化心理表现和更新视觉效应，可选择和尝试各种新工具、新材料，不断开拓新的技法以创造更新更美的视觉效果，如图 1-1-15 所示。

图 1-1-15　肌理构成

1.3　平面构成的形式美法则

形式美法则是人类在创造美的形式、美的过程中对美的形式规律的经验总结和抽象概括。

1. 变化与统一

变化与统一又称多样统一，是形式美的基本规律。任何物体形态都是通过点、线、面等元素有机组合成的一个整体。变化是寻找各元素之间的差异、区别，统一是寻求各元素之间的内在联系、共同点或共有特征。没有变化，则构图单调乏味、缺少生命力，没有统一，则构图会显得杂乱无章，缺乏和谐与秩序，如图 1-1-16 所示。

图 1-1-16　变化与统一

2. 对称与均衡

对称与均衡是构图的基本原则之一。对称与均衡也是构图的基础，使画面具有稳定性就是对称与均衡的主要作用。对称的稳定感特别强，能使画面有庄严、肃穆、和谐的感觉。比如，我国的古代建筑就是对称的典范。均衡在视觉上给人一种内在的、有秩序的动态美，具有动中有静、静中寓动、生动感人的艺术效果，如图 1-1-17 所示。

图 1-1-17　对称与均衡

3. 节奏与韵律

在版面构成中，节奏与韵律指的是同一图案在一定的变化规律中重复出现所产生的运动感。由于节奏与韵律有一定的秩序美感，所以在生活中得到广泛的应用，如图 1-1-18 所示。

图 1-1-18　节奏与韵律

任务 2　色彩构成

 走近色彩构成

色彩构成即色彩的相互作用，是从人对色彩的知觉和心理效果出发，用科学分析的方法，把复杂的色彩现象还原为基本要素，利用色彩在空间、量与质上的可变换性，按照一定的规律去组合各类构成之间的相互关系，再创造出新的色彩效果的过程。色彩构成是艺术设计的基础理论之一，它与平面构成及立体构成有着不可分割的关系。色彩不能脱离形体、空间、位置、面积、肌理等而独立存在。

2.1　色彩的三属性

色相、纯度、明度是色彩的三属性，也称为色彩的三要素。熟悉和掌握色彩的三要素，对于认识色彩和表现色彩极为重要。

色相是指色彩的相貌。色相包括红、橙、黄、绿、青、蓝、紫等。色相环分为 12 色、20 色、24 色、40 色等，24 色色相环如图 1-2-1 所示。

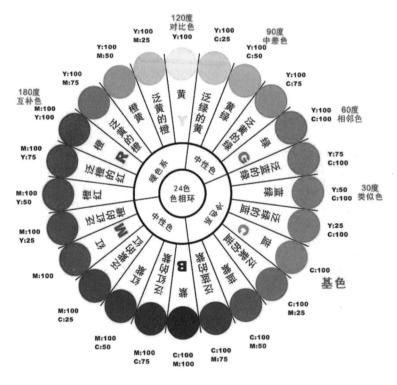

基色　　30度类似色　　60度相邻色　　90度中差色　　120度对比色　　180度互补色

图 1-2-1　24 色色相环

纯度即色彩的纯净程度、饱和程度，又称彩度、饱和度、鲜艳度、含灰度等。原色的纯度最高。纯净程度越高，色彩越纯，如图 1-2-2 所示。

明度即颜色的亮度。不同的颜色具有不同的明度，例如黄色的明度就比蓝色的明度高，在一个画面中安排不同明度的色块也可以帮助创作者表达画作的感情，如果天空的明度比地面的明度低，就会产生压抑的感觉。色彩的明度如图 1-2-3 所示。

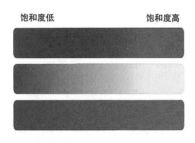

图 1-2-2　色彩的纯度

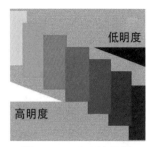

图 1-2-3　色彩的明度

2.2　色彩的对比与调和

色彩之间的两大关系为色彩对比与色彩调和。在色彩搭配上，如果色彩间没有对比关系，就会使人感到色彩缺少变化、平淡无奇、没有生气；如果色彩间没有调和关系，又会使人感到画面色彩零乱，整体关系缺乏统一。只有认真对待色彩的对比与调和，才能合理配置色彩，创作出对比鲜明、色彩丰富的作品。

2.2.1　色彩的对比

1.色相对比

色相对比是两种以上色彩组合后，由于色相差别而形成的色彩对比效果。它是色彩对比的一个根本方面，其对比强弱程度取决于色相之间在色相环上的距离（角度），距离（角度）越小，对比越弱，反之则对比越强。色相对比包括相邻色、中差色、对比色、互补色四种对比方式，如图 1-2-4 ～图 1-2-7 所示。

图 1-2-4　相邻色

图 1-2-5　中差色

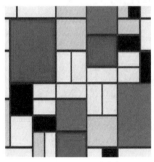

图 1-2-6　对比色

图 1-2-7　互补色

2.明度对比

明度对比主要是指色彩明暗差别形成的对比。人眼对明度差异的敏感度是最高的。色彩的层次与空间关系主要依靠色彩的明度对比来表现。明度对比较强时，光感强，形象的清晰程度高，不容易出现视觉误差，如图 1-2-8 所示。

图 1-2-8　明度对比

3. 纯度对比

高纯度的色彩就像是大剧场里的聚光灯，与其他舞台道具综合搭配，让观众将注意力聚集在情节焦点处。但过度使用它，也容易带来副作用，比如显得过分刺眼，主次不分，难以凸显重要信息等。纯度对比如图 1-2-9 所示。

图 1-2-9　纯度对比

4. 冷暖对比

冷色和暖色是一种色彩感觉。冷色和暖色是相对的，例如红、橙、黄在我们印象中通常与火焰、太阳等温暖的事物相关，蓝色则常常让人联想到严寒、冰雪等清凉寒冷的事物，如图 1-2-10 所示。

图 1-2-10　冷暖对比

5. 面积对比

同一个版面，一种颜色占的面积越大，它的"能量"就越强，给人的视觉刺激越大，如图 1-2-11 所示。

图 1-2-11　面积对比

2.2.2　色彩的调和

色彩调和是把具有共同的、近似的色素进行配置而形成和谐统一的效果。它包括同一调和、类似调和、对比调和三种形式，如图 1-2-12～图 1-2-14 所示。

图 1-2-12　同一调和　　　　　图 1-2-13　类似调和　　　　　图 1-2-14　对比调和

2.3　色彩的心理

色彩作为一种视觉语言，它具有强烈的视觉冲击力，可以充分表现出人类的情感和意识。经验丰富的设计师，往往能借助色彩唤起人心理上的联想，从而使设计作品更上一层楼。

2.3.1　色彩的心理联想

色彩是充满情感与各种感觉的奇妙世界。色彩虽不具备通常意义上的生命，但每种色相却各有其丰富的性格及情感。当某种色彩触发了我们的相关视觉印象时，头脑中就会产生相关的联想，这样各种色彩就自然地被赋予了不同情感及特定的含义。九大色系的视觉特征见表 1-1。

表 1-1　九大色系的视觉特征

色系		视觉特征
红色		（1）视觉上产生一种临近感和扩张感。红色的效果富有刺激性，给人活泼、生动和不安的感觉，包含着一种力量的热情，象征着希望、幸福、生命。 （2）红色波长最长，在原色色相中纯度最高，对人的视觉刺激最强
橙色		（1）橙色比红色明度更高，给人兴奋、成熟、稳重、含蓄、丰收、喜悦、营养、华丽、诱惑之感。 （2）具备长波长颜色的基本心理特征：温暖、光明、活泼、干燥
黄色		（1）具有快乐、活泼、希望、光明等特性，稍带点轻薄、冷淡的感觉；黄色又是辉煌的，常营造一种欣喜的、喧闹的效果。 （2）波长比较长，是高明度、高纯度的颜色
绿色		（1）稳定，起到缓解疲劳的作用，给人以性格柔顺、温和、优美、抒情的感觉，象征着永远、和平、青春、鲜艳。但在明度低时（墨绿色）或者某种特定条件下，绿色也会带有消极意义，可营造出阴森、晦暗、沉重、悲哀的气氛。 （2）二次色，由原色色相黄色和蓝色混合得到，偏中性色，是人的视觉最容易接受的颜色

续表

色系		视觉特征
蓝色		（1）代表着广阔的天空，同时又使人联想到深不可测的海洋，可表现人的沉静、冷淡、理智、博爱、透明等性格特征；蓝色也是一种体现消极、收缩、内在的色彩。 （2）原色色相中蓝色纯度高，明度相对来说偏低，冷色调，波长偏短，有距离感、后退感
紫色		（1）表现孤独、高贵、奢华、优雅而神秘的情感。 （2）是纯度最低的色彩，同时又是明度最低的色彩。在可见光谱中，紫色的波长最短，眼睛对紫色的感知度最低
白色		象征纯洁、光明、纯真，同时又可表现轻快、恬静、清洁、卫生；有时可用于表现单调空虚，具有不可侵犯的个性
黑色		给人高贵、时尚之感，常用于表现重量、坚硬、工业等信息
灰色		给人平凡、失落、中庸、颓废、阴森的感觉

2.3.2 色彩的心理感知

色彩的心理感知见表 1-2。

表 1-2　色彩的心理感知

类别	心理感知
色彩的冷暖 	（1）暖色系会带来热闹、鲜艳、愉快、动感等印象。 （2）冷色系会带来沉稳、冷峻、寒冷、凉爽、整齐等印象。 （3）中间色系没有明显的暖寒感觉，当它们处于暖色系中，会显得有寒冷的感觉，处在冷色系中则有温暖的感觉
色彩的轻重 	（1）轻的色彩：明度越高，感觉越轻快。轻而明度亮的色彩还会给人一种柔软、安静的感觉。 （2）重的色彩：明度越低，感觉越重。重而暗淡的色彩会让人感觉硬、厚重
兴奋色与冷静色 	（1）兴奋色：暖色系的高彩度色彩。由于兴奋色具有强烈的视觉刺激性，所以很容易引起视觉疲劳，主要在需要强调时使用。 （2）冷静色：冷色系的低彩度色彩。能够使人的兴奋情绪趋于缓和，令人感到平静
华丽色与朴素色 	（1）华丽色：高彩度的色彩给人以华丽、气派的感觉。 （2）朴素色：低彩度的色彩给人以朴素的感觉

任务 3 初识 Photoshop 2023

 走近 Photoshop 2023

Photoshop 是 Adobe 公司旗下一款非常优秀的图像处理软件，也是当今世界上用户较多的平面设计软件之一。无论是我们正在阅读的图书，还是招贴、海报，这些具有丰富图像信息的平面印刷品，基本上都需要使用 Photoshop 软件来对图像进行处理。

3.1 图像处理基础知识

3.1.1 位图和矢量图

1. 位图

位图也称为点阵图像或栅格图像，是由称作"像素"（图片元素）的单个点组成的。这些点可以进行不同的排列和染色以构成图样。

位图是连续性图像，它可以表现出非常细腻真实的图像效果。位图图像的显示效果是与像素紧密联系在一起的，像素越多，图像的分辨率越高，图像文件的数据量也越大。当无限放大位图时，可以看见构成整个图像的无数单个方块，这些方块就是构成图像的像素，如图 1-3-1、图 1-3-2 所示。

图 1-3-1 位图原始图

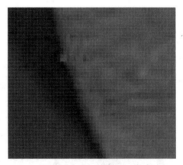
图 1-3-2 位图放大图

2. 矢量图

矢量图也称为矢量形式或矢量对象，是使用直线和曲线来描述的图形，构成这些图形的元素是一些点、线、矩形、多边形、圆和弧线等，它们都是通过数学公式计算获得的，具有编辑后不失真的特点。

矢量图与分辨率无关，任意移动或修改矢量图形都不会丢失细节或影响其清晰度，也不会出现锯齿状的边缘，在任何分辨率下显示或打印，图像都非常清晰，如图 1-3-3、图 1-3-4 所示。矢量图所占的容量较小，但也有缺点，矢量图形不易制作成像位图那样色调丰富的图像。

图 1-3-3 矢量图原始图

图 1-3-4 矢量图放大图

3.1.2 像素和分辨率

1. 像素

像素是图像中的最小颜色单位，是一个非常小的方形颜色块，一般用 px 表示，每个像素只能有一个颜色。

在位图中，像素的大小是指沿着图像的宽度和高度测量出的像素数目，构成一幅图像的像素越多，色彩信息越丰富，图像效果就越好，当然文件所占的存储空间就越大。如图 1-3-5 所示为不同像素大小的 3 张图片。

像素大小 720×576　　　　　像素大小 360×288　　像素大小 180×144

图 1-3-5　不同像素大小的图片

2. 分辨率

分辨率是用来描述图像文件信息的术语，可分为图像分辨率、屏幕分辨率和输出分辨率。

① 图像分辨率：每英寸图像内的像素点数，测量单位是像素 / 英寸或像素 / 厘米。300 像素 / 英寸表示该图像每英寸含有 300×300 个像素。每英寸的像素越多，分辨率就越高。由此可见，相同尺寸下图像的分辨率越高，图像越清晰，如图 1-3-6 所示。

（a）72 像素 / 英寸　　　　　　　　　　（b）5 像素 / 英寸

图 1-3-6　同一尺寸、不同分辨率的图片

② 屏幕分辨率：每英寸屏幕上的像素点数。屏幕分辨率取决于显示器大小及其像素设置。显示器的分辨率一般为 72 像素 / 英寸。在 Photoshop 2023 中，图像像素被直接转换成显示器像素，当图像分辨率高于显示器分辨率时，屏幕中显示的图像的尺寸比实际尺寸大。

③ 输出分辨率：打印机分辨率，是指在打印输出时横向和纵向两个方向上每英寸最多能够打印的点数。输出分辨率是照排机或打印机等输出设备产生的每英寸油墨滴数（dpi）。打印机的分辨率在 720dpi 以上，可以使图像获得比较好的效果。

3.1.3 图像的色彩模式

平面设计中，图像的色彩模式是一种记录图像颜色的方式，它决定了图像在显示和印刷时的色彩数目，同时影响图像文件的大小。图像的色彩模式有灰度模式、CMYK 模式、RGB 模式、HSB 模式、Lab 模式、位图模式、索引颜色模式、双色调模式和多通道模式等。不同色彩模式下的颜色控制面板如图 1-3-7 所示。

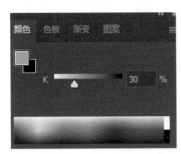

（a）灰度模式下的颜色控制面板

（b）CMYK 模式下的颜色控制面板

（c）RGB 模式下的颜色控制面板

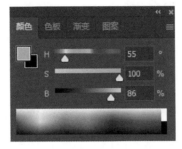

（d）HSB 模式下的颜色控制面板

（e）Lab 模式下的颜色控制面板

图 1-3-7　不同色彩模式下的颜色控制面板

1. 灰度模式

灰度是一种黑白的色彩模式，从 0～255 有 256 种不同等级的明度变化。灰度通常用百分比表示，范围为 0～100%，灰度最高的黑即 100%，就是纯黑；灰度最低的黑即 0，就是纯白。所谓灰度色是指纯白、纯黑以及两者中的一系列从黑到白的过渡色，它不包含任何色相。

2.CMYK 模式

CMYK 颜色模式代表印刷上用的 4 种油墨色，即青色（C）、品红色（M）、黄色（Y）和黑色（K）。在实际运用中，C、M、Y 这三种颜色很难形成真正的黑色，因此黑色（K）用于强化暗部的色彩。也正是由于油墨的纯度问题，CMYK 并不能够复制用 RGB 色光创建出来的所有颜色。

3.RGB 模式

RGB 模式基于光学原理，是 Photoshop 图像的默认颜色模式，这种模式用红（R）、绿（G）、蓝（B）三色光按照不同的比例和强度混合表示。因为 RGB 色彩模式采用 RGB 模型为图像中每一个像素的 RGB 分量分配一个 0～255 范围内的强度值，所以这三种都有 256 个亮度水平级，三种颜色相互叠加就能形成 1670 多万种颜色，便构成了绚丽的多彩世界。同时，RGB 模式也是视频色彩模式，如网页、视频播放和电子媒体展示都是用 RGB 模式。

4.HSB 模式

HSB 模式是一种从视觉的角度定义的颜色模式，H 表示色相，S 表示饱和度，B 表示亮度。色相指颜色的纯度，是一个 360° 的循环；饱和度是指颜色的强度或鲜艳度；亮度是指颜色的明暗程度。饱和度和亮度是以 0～100 为单位的刻度。HSB 数值中，SB 数值越高，视觉刺激度越强烈。

5.Lab 模式

Lab 模式是一种描述颜色的科学方法。它将颜色分成三种成分：L、a 和 b。L 表示亮度，它描述颜色的明暗程度；a 表示从深绿（低亮度值）到灰色（中亮度值）到亮粉红色（高亮度值）的颜色范围；b 表示从亮蓝色（低亮度值）到灰色（中亮度值）到焦黄色（高亮度值）的颜色范围。Lab 模式是 Photoshop 在进行不同颜色模式转换时内部所使用的一种颜色模式，例如从 RGB 转换到 CMYK，它可以保证在进行色彩模式转换时 CMYK 范围内的色彩没有损失。

3.1.4 常用的图像文件格式

1.PSD 格式

PSD 格式是 Photoshop 的专用格式，能保存图像数据的每一个细小部分，包括像素信息、图层信息、通道信息、蒙版信息、色彩模式信息，所以 PSD 格式的文件较大。PSD 格式文件的一些内容在转存为其他格式时将会丢失，并且在储存为其他格式的文件时，有时会合并图像中的各图层及附加的蒙版信息，因此，最好备份一个 PSD 格式的文件后再进行格式转换。

2.TIFF 格式

TIFF 格式是一种通用的图像文件格式，是除 PSD 格式外唯一能存储多个通道的文件格式。几乎所有的扫描仪和多数图像软件都支持该格式。该种格式支持 RGB、CMYK、Lab 和灰度等色彩模式，它包含有非压缩方式和 LZW 压缩方式两种。

3.JPEG 格式

JPEG 格式也是比较常用的图像格式，压缩比例可大可小，被大多数的图形处理软件所支持。JPEG 格式的图像还被广泛应用于网页的制作。该格式还支持 CMYK、RGB 和灰度色彩模式，但不支持 Alpha 通道。

4.BMP 格式

BMP 格式是标准的 Windows 及 OS/2 的图像文件格式，是 Photoshop 中常用的位图格式。此种格式在保存文件时几乎不经过压缩，因此它的文件体积较大，占用的磁盘空间也较大。此种存储格式支持 RGB、灰度、索引颜色、位图等色彩模式，但不支持 Alpha 通道。它是 Windows 环境下最不容易出错的文件保存格式。

5.GIF 格式

GIF 格式是能保存背景透明化的图像形式，但只能处理 256 种色彩，常用于网络传输，其传输速度要比其他格式的文件快很多，并且可以将多张图像存储为一个文件，形成动画效果。

6.EPS 格式

EPS 格式为压缩的 Postscript 格式，可用于绘图或者排版，它最大的优点是可以在排版软件中以低分辨率预览，打印或者出胶片时以高分辨率输出，做到效果和图像输出质量两不误。EPS 格式支持 Photoshop 里所有的颜色模式，其中在位图模式下还可以支持透明，并可以用来存储点阵图和向量图形，但不支持 Alpha 通道。

3.2 Photoshop2023 的基础操作

3.2.1 认识工作界面

Photoshop2023 的工作界面主要由菜单栏、属性栏、标题栏、工具箱、状态栏、文档窗口和面板组成，如图 1-3-8 所示。

图 1-3-8 工作界面

菜单栏：共包含 11 个菜单命令。利用菜单栏中的命令可以完成编辑图像、调整色彩和添加滤镜效果等操作，如图 1-3-9 所示。

图 1-3-9 菜单栏

属性栏：工具箱中各个工具的功能扩展。通过在属性栏中设置不同的选项，可以快速地完成多样化的操作。

标题栏：打开一个文件后，Photoshop 会自动创建一个标题栏。在标题栏中会显示这个文件的名称、格式、窗口缩放比例以及颜色信息等。

工具箱：包含了 Photoshop 的大部分工具，包括选择工具、裁剪与切片工具、吸管与测量工具、修饰工具、路径与矢量工具、文字工具、3D 工具和导航工具、屏幕视图工具和快速蒙版工具等，利用不同的工具可以完成对图像的绘制、观察和测量等操作。使用鼠标左键单击一个工具，即可选中该工具，如果工具的右下角带有三角形图标，表示这是一个工具组，在工具上单击鼠标右键即可弹出隐藏的工具，如图 1-3-10 所示。

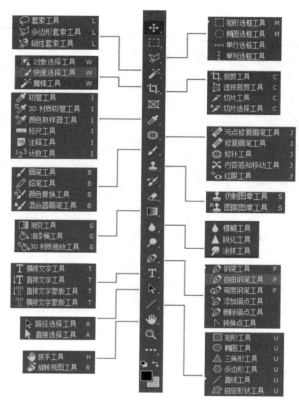

图 1-3-10　工具箱

状态栏：提供当前文件的显示比例、文档大小、当前工具和存盘大小等信息，如图 1-3-11 所示。

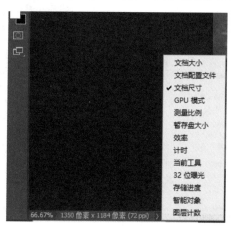

图 1-3-11　状态栏

文档窗口：显示打开图像的区域。如果只打开了一张图像，则只有一个文档窗口，如果打开了多张图像，则文档窗口会按选项卡的方式进行显示，如图 1-3-12、图 1-3-13 所示。

图 1-3-12　打开一张图像的文档窗口

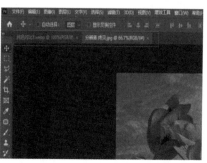

图 1-3-13　打开两张图像的文档窗口

面板：通过不同功能的面板，可以完成在图像中填充颜色、设置图层和添加样式等操作。执行"窗口"菜单下的相应命令可以打开面板，如图 1-3-14 所示。

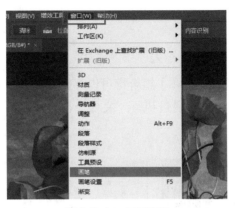

图 1-3-14　打开面板

3.2.2　文件操作

1. 新建图像

通常情况下，要处理一张已有的图像，只需将现有图像在 Photoshop 中打开。但是如果制作一张新图像，就需在 Photoshop 中新建一个文件。

选择"文件→新建"命令，或按【Ctrl+N】组合键，弹出"新建文档"对话框。在"新建文档"对话框中可以设置文件的名称、尺寸、分辨率和颜色模式等，如图 1-3-15 所示。

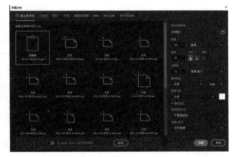

图 1-3-15　新建文件

2. 打开图像

如果要对照片或图片进行修改和处理，就需要在 Photoshop 中打开相应的图像。

选择"文件→打开"命令，或按【Ctrl+O】组合键，弹出"打开"对话框。在对话框中搜索路径和文件，确认文件类型和名称，单击"打开"按钮，或直接双击文件，即可打开所指定的图像文件，如图 1-3-16 所示。

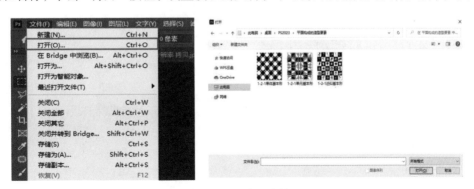

图 1-3-16　打开文件

在"打开"对话框中,也可以一次打开多个文件,只要在文件列表中将所需的几个文件选中,并单击"打开"按钮即可。在"打开"对话框中选择文件时,按住【Ctrl】键的同时用鼠标单击,可以选择多个不连续的文件;按住【Shift】键的同时用鼠标单击,可以选择多个连续的文件。

3. 保存图像

对图像进行编辑后,就需要对文件进行保存。

选择"文件→存储"命令,或按【Ctrl+S】组合键可以存储文件。如果需要将文件保存到另一个位置或使用另一文件名进行保存时,这时就可以通过执行"文件→存储为"菜单命令或按【Shift+Ctrl+S】组合键来完成,如图 1-3-17 所示。

图 1-3-17　保存图像

4. 关闭图像

编辑完图像,将文件进行保存后即可关闭文件。

选择"文件→关闭"命令,或按【Ctrl+W】组合键,可以关闭文件。关闭图像时,若当前文件被修改过或是新建的文件,则会弹出提示对话框,单击"是"按钮即可存储并关闭图像,如图 1-3-18 所示。

图 1-3-18　关闭图像

3.2.3　标尺、参考线和网格线的设置

标尺、网格和参考线是 Photoshop 中的辅助工具,通过这些工具,可以方便地对图像进行准确的编辑。

1. 标尺的设置

默认情况下,标尺是出现在画面左边和上边的一系列刻度,主要用于精确定位图像或元素。选择"编辑→首选项→单位与标尺"命令,弹出对应的对话框,如图 1-3-19 所示。

"单位":用于设置标尺和文字的显示单位。

"列尺寸":用列来精确确定图像的尺寸。

"点 / 派卡大小":与输出有关。

执行"视图→标尺"菜单命令或按下快捷键【Ctrl+R】,可以显示或隐藏标尺,如图 1-3-20、图 1-3-21 所示。

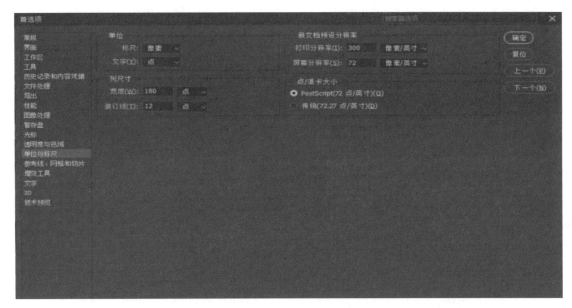

图 1-3-19 标尺选项卡

图 1-3-20 打开标尺

图 1-3-21 关闭标尺

将鼠标光标放在标尺的 X 轴和 Y 轴的 0 点处，如图 1-3-22 所示，向右下方拖动鼠标到适当的位置，如图 1-3-23 所示，松开鼠标，标尺的 X 轴和 Y 轴的 0 点就变为鼠标移动后的位置，如图 1-3-24 所示。

图 1-3-22 X 轴、Y 轴的 0 点位置

图 1-3-23 鼠标拖动后的位置

图 1-3-24 X 轴、Y 轴的 0 点位置

2. 参考线的设置

使用参考线可以快速定位图像中的某个特定区域或某个元素的位置，以方便用户在这个区域或位置进行操作。

设置参考线：将鼠标的光标放在水平标尺上，按住鼠标左键不放，向下拖曳出水平参考线，效果如图 1-3-25 所示。将鼠标的光标放在垂直标尺上，按住鼠标左键不放，向右拖曳出垂直参考线，效果如图 1-3-26 所示。

图 1-3-25　水平参考线　　　　　　　　　　　　图 1-3-26　垂直参考线

移动参考线：在"工具箱"中单击"移动工具"按钮，将光标放置在参考线上，当光标变成分隔符形状时，按住鼠标左键拖曳即可移动参考线。

删除参考线：使用"移动工具"将参考线拖曳出画布，就可以删除参考线。

隐藏参考线：执行"视图→显示额外内容"菜单命令或按【Ctrl+H】组合键来隐藏参考线。

删除画布中所有参考线：执行"视图→清除参考线"菜单命令可以删除所有参考线。

3. 网格线的设置

网格主要用来对称排列图像，它与参考线一样是无法打印出来的。

选择"编辑→首选项→参考线、网格和切片"命令，弹出相应的对话框，如图 1-3-27 所示。

"参考线"：用于设定参考线的颜色和样式。

"网格"：用于设定网格的颜色、样式、网格线间隔和子网格等。

"切片"：用于设定切片的颜色和显示切片的编号。

"路径"：用于设定路径的选定颜色。

选择"视图→显示→网格"命令，或按【Ctrl+'】组合键，可以显示或隐藏网格，如图 1-3-28 和图 1-3-29 所示。

执行"视图→对齐到→网格"菜单命令，启用对齐功能，此后在创建选区或移动图像等操作时，对象将自动对齐到网格上。

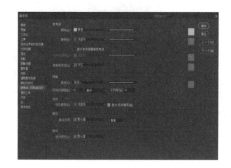  

图 1-3-27　参考线、网格和切片对话框　　　　图 1-3-28　显示网格　　　　图 1-3-29　隐藏网格

3.2.4　认识图层

图层是 Photoshop 的常用功能。使用图层可以方便地管理和修改图像，还可以创建各种特效。

1. 图层的原理

图层就好像一些带有图像的透明拷贝纸，互相堆叠在一起。将每个图像放置在独立的图层上，我们可自由更改文档的外观和布局，且不会互相影响，如图 1-3-30 所示。

图 1-3-30　图层原理

在编辑图层之前，首先需要在"图层"面板中单击该图层，将其选中，所选图层将成为当前图层。绘画以及色调调整只能在一个图层中进行，而移动、对齐、变换或应用"样式"面板中的样式等可以一次性处理所选的多个图层。

2. 图层面板

图层面板是 Photoshop 中最重要、最常用的面板，主要用于创建、编辑和管理图层，以及为图层添加样式，如图 1-3-31 所示。

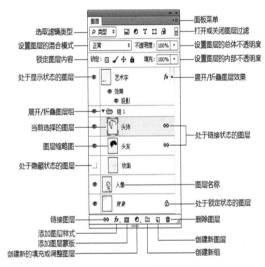

图 1-3-31　图层面板

图层搜索功能：在 类型 框中可以选取 9 种不同的搜索方式。

类型：可以通过单击"像素图层"按钮 、"调整图层"按钮 、"文字图层"按钮 、"形状图层"按钮 和"智能对象"按钮 来搜索需要的图层类型。

名称：可以在右侧的框中输入图层名称来搜索图层。

效果：通过图层应用的图层样式来搜索图层。

模式：通过图层设定的混合模式来搜索图层。

属性：通过图层的可见性、锁定、链接、混合和蒙版等属性来搜索图层。

颜色：通过不同的图层颜色来搜索图层。

智能对象：通过图层中不同智能对象的链接方式来搜索图层。

选定：通过选定的图层来搜索图层。

画板：通过画板来搜索图层。

图层的混合模式 正常 ：用于设定图层的混合模式，共包含 27 种混合模式。

不透明度：用于设定图层的不透明度。

填充：用于设定图层的填充百分比。

眼睛图标 ：用于打开或隐藏图层中的内容。

锁链图标 ⊕：表示图层与图层之间的链接关系。

图标 T：表示此图层为可编辑的文字层。

图标 fx：表示为图层添加了样式。

在"图层"控制面板的上方有 5 个工具图标 锁定: ⊠ ✔ ✛ ☐ 🔒。

锁定透明像素 ⊠：用于锁定当前图层中的透明区域，使透明区域不能被编辑。

锁定图像像素 ✔：使当前图层和透明区域不能被编辑。

锁定位置 ✛：使当前图层不能被移动。

防止在画板内外自动嵌套 ☐：锁定画板在画布上的位置，防止在画板内部或外部自动嵌套。

锁定全部 🔒：使当前图层或序列完全被锁定。

在"图层"控制面板的下方有 7 个工具按钮图标 ⊖ fx ▢ ◑ ▣ ⊞ 🗑。

链接图层 ⊖：使所选图层和当前图层成为一组，当对一个链接图层进行操作时，将影响一组链接图层。

添加图层样式 fx：为当前图层添加图层样式效果。

添加蒙版 ▢：将在当前图层上创建一个蒙版。

创建新的填充或调整图层 ◑：可对图层进行颜色填充和效果调整。

创建新组 ▣：用于新建一个文件夹，可在其中放入图层。

创建新图层 ⊞：用于在当前图层的上方创建一个新的图层。

删除图层 🗑：可以将不需要的图层拖曳到此处进行删除。

3. 图层类型

在 Photoshop 中可以创建多种类型的图层，每种图层都有不同的功能和用途，它们在"图层"面板中的显示状态也不相同，如图 1-3-32 所示。

图层组：用于管理图层，以便于随时查找和编辑图层。

中性色图层：填充了中性色的特殊图层，结合特定的混合模式可以用来承载滤镜或在上面绘画。

剪贴蒙版图层：蒙版中的一种，可以使用一个图层中的图像来控制它上面多个图层内容的显示范围。

当前图层：当前所选择的图层。

链接图层：保持链接状态的多个图层。

智能对象图层：包含智能对象的图层。

填充图层：通过填充纯色、渐变或图案来创建的具有特殊效果的图层。

调整图层：可以调整图像的色调，并且可以重复调整。

矢量蒙版图层：带有矢量形状的蒙版图层。

图层蒙版图层：添加了图层蒙版的图层。蒙版可以控制图层中图像的显示范围。

图层样式图层：添加了图层样式的图层。通过图层样式可以快速创建出各种特效。

变形文字图层：进行了变形处理的文字图层。

文字图层：使用文字工具输入文字时所创建的图层。

3D 图层：包含置入的 3D 文件的图层。

视频图层：包含视频文件帧的图层。

背景图层：新建文档时创建的图层。"背景"图层始终位于面板的最底部，名称为"背景"两个字，且为斜体。

1-3-32　图层的种类

4. 新建图层

方法一：执行"图层→新建→图层"菜单命令。

方法二：按住【Alt】键并单击"创建新图层"按钮。

方法三：使用新建图层窗口快捷键【Ctrl+Shift+N】，此时会弹出"新建图层"对话框，在该对话框可以对将要新建的图层名称、颜色、模式、不透明度等进行设置，如图1-3-33所示。

图1-3-33　"新建图层"对话框

"名称"：用于设定新图层的名称。

"使用前一图层创建剪切蒙版"：勾选该项可以与前一图层创建剪贴蒙版。

"颜色"：用于设定新图层的颜色。

"模式"：用于设定当前图层的混合模式。

"不透明度"：用于设定当前图层的不透明度值。

5. 复制图层

方法一：在打开的当前文档中，用鼠标在需要复制的图层上点击鼠标右键，在弹出的菜单中选择"复制图层"命令，这时会出现"复制图层"对话框，可以在对话框中设置名称等参数，设置完成后点击"确定"按钮即可完成对该图层的复制，如图1-3-34所示。

图1-3-34　复制图层方法一

"为"：用于设定复制图层的文件来源。

"文档"：用于设定复制图层的文件来源。

方法二：选中需要复制的图层，执行"图层→复制图层"菜单命令，可直接完成复制图层，如图1-3-35所示。

方法三：将鼠标移动到需要复制的图层上，按鼠标左键将需要复制的图层拖曳到"创建新图层"按钮上，或者使用复制图层快捷键【Ctrl+J】即可复制出该图层的副本，如图1-3-36所示。

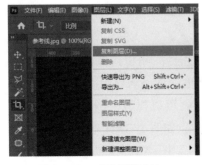

图1-3-35　复制图层方法二

图1-3-36　复制图层方法三

6. 删除图层

方法一：选择"图层→删除→图层"命令，即可删除图层。

方法二：先用鼠标左键点击图层，图层被选中后，再点击"删除图层"按钮或使用删除图层快捷键【Delete】即可删除该图层。

方法三：用鼠标将图层拖曳到"删除图层"按钮上，即可快速删除图层，如图1-3-37所示。

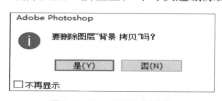

图1-3-37　删除图层窗口

7. 图层的显示和隐藏

单击"图层"控制面板中任意图层左侧的眼睛图标，可以隐藏或显示这个图层。

按住【Alt】键的同时，单击"图层"控制面板中的任意图层左侧的眼睛图标，此时，"图层"控制面板中将只显示这个图层，其他图层被隐藏。

8. 图层的排列和链接

图层的排列：在"图层"面板中，图层是按照创建的先后顺序堆叠排列的。

方法一：将一个图层拖曳到另外一个图层的上面（或下面），即可调整图层的堆叠顺序，如图1-3-38所示。改变图层顺序会影响图像的显示效果。

方法二：选择一个图层，执行"图层→排列"子菜单中的命令，可以精准地调整图层的堆叠顺序，如图1-3-39所示。

"链接图层"：把多个图层关联到一起，以便对链接好的图层进行整体的移动、复制、剪切等操作，以提高操作的准确性和效率。

选中要进行链接的图层，单击"图层"面板下的"链接图层"按钮，选中的图层被链接，如图1-3-40所示。再次单击"链接图层"按钮，可取消链接。

图1-3-38　图层排列方法一　　　　　　图1-3-39　图层排列方法二　　　　　　图1-3-40　链接图层

9. 合并图层

"向下合并"：如果想要将一个图层与它下面的图层合并，可以选择该图层，然后执行"图层→向下合并"命令，或按下【Ctrl+E】快捷键，合并后的图层使用下面图层的名称。

"合并可见图层"：如果要合并所有可见的图层，可以执行"图层→合并可见图层"命令，或按下【Shift+Ctrl+E】快捷键，它们会合并到"背景"图层中，如图1-3-41所示。

"拼合图像"：如果要将所有图层都拼合到"背景"图层中，可以执行"图层→拼合图像"命令。如果有隐藏的图层，会弹出一个提示框，询问是否删除隐藏的图层，如图 1-3-42 所示。

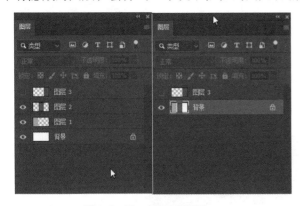

图 1-3-41　合并可见图层

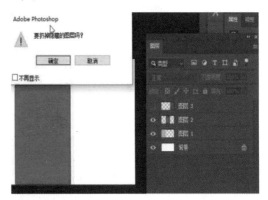

图 1-3-42　拼合图像

　　盖印图层：盖印是比较特殊的图层合并方法，它可以将多个图层中的图像内容合并到一个新的图层中，同时保持其他图层完好无损。

　　●向下盖印：选择一个图层按下【Ctrl+Alt+E】快捷键，可以将该图层中的图像盖印到下面的图层中，原图层内容保持不变，如图 1-3-43 所示。

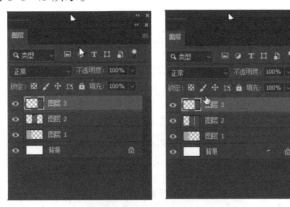

图 1-3-43　向下盖印图层

　　●盖印多个图层：选择多个图层按下【Ctrl+Alt+E】快捷键，可以将它们盖印到一个新的图层中，原有图层的内容保持不变，如图 1-3-44 所示。

　　●盖印可见图层：按下【Shift+Ctrl+Alt+E】快捷键，可以将所有可见图层中的图像盖印到一个新的图层中，原有图层内容保持不变，如图 1-3-45 所示。

　　●盖印图层组：选择图层组按下【Ctrl+Alt+E】快捷键，可以将组中的所有图层内容盖印到一个新的图层中，原图层组保持不变，如图 1-3-46 所示。

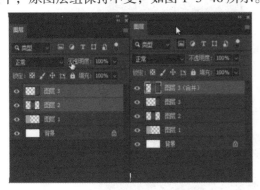

图 1-3-44　盖印多个图层

图 1-3-45　盖印可见图层

图 1-3-46　盖印图层组

10. 图层组

图层组就类似于文件夹，将图层按照类别放在不同的组中后，当关闭图层组时，在"图层"面板中就只显示图层组的名称。图层组可以像普通图层一样移动、复制、链接、对齐和分布，也可以合并，以减少文件的大小。创建图层组的方法如下。

方法一：执行"图层→新建→组"命令，在"新建组"对话框中设置参数，如图1-3-47所示。

图1-3-47 创建图层组方法一

方法二：单击"图层"面板中的"创建新组"按钮，可以创建一个空的图层组，如图1-3-48所示。

方法三：如果要将多个图层创建在一个图层组内，可以选择这些图层执行"图层→图层编组"命令，或按下【Ctrl+G】快捷键。编辑之后，可以单击组前面的三角图标关闭或者重新展开图层组，如图1-3-49所示。

图1-3-48 创建图层组方法二

图1-3-49 创建图层组方法三

岗位知识储备——平
面构成和色彩构成的
拓展知识

➡ **习题**

1. 平面构成的造型要素主要包括（　　）。

A. 点　　　　　　　　B. 线　　　　　　　　C. 面　　　　　　　　D. 空间

2. 平面构成的主要表现形式有（　　）。

A. 重复构成　　　　　B. 近似构成　　　　　C. 渐变构成　　　　　D. 发射构成

E. 空间构成　　　　　F. 特异构成　　　　　G. 密集构成　　　　　H. 对比构成

3. 平面构成的形式美法则主要包括（　　）。

A. 变化与统一　　　　B. 对称与均衡　　　　C. 节奏与韵律　　　　D. 明度与纯度

4. 色彩的三要素主要包括（　　）。

A. 色相　　　　　　　B. 明度　　　　　　　C. 纯度　　　　　　　D. 黑白

5. 色彩调和主要包括（　　）。

A. 同一调和　　　　　B. 类似调和　　　　　C. 对比调和　　　　　D. 冷暖对比

➡ **课堂笔记**

项目二　标志设计

　　标志是品牌形象核心部分，是表明事物特征的识别符号。它以单纯、显著、易识别的形象、图形或文字符号为直观语言，除表示什么、代替什么之外，还具有表达意义、情感和指令行动等作用。标志设计不仅是实用物的设计，也是一种图形艺术的设计，它与其他图形艺术表现手段既有相同之处，又有自己的艺术规律。

- ●任务1　　企业标志设计
- ●任务2　　环保标志设计

**岗位能力**

　　标志设计在平面设计领域中占有特殊的地位，熟悉标志设计知识，能够进行标志设计，在工作中能够设计出符合需求、传递企业形象、涵盖企业文化的标志。

项目目标

1. 知识目标
① 了解标志的概念、作用及类型。
② 掌握标志设计形式及构成方法。

2. 技能目标
能够掌握标志设计的创作方法。

3. 素养目标
① 为学生树立学习的榜样，培养工匠精神。
② 提升审美及创意能力、增强团队意识。

任务1　企业标志设计

学习情境描述

　　本案例是一款中国传统工艺文化标志设计，如图 2-1-1 所示。提到中国传统工艺文化，往往会想到中国传统元素，所以这个标志以中国红为主色调，融合了寓意着美满团圆、万事如意的中国结、红灯笼、福字元素，并体现了中国文化倡导的"天人合一"理念。行云流水的线条把古老传统工艺演绎得活灵活现，给灯笼赋予深刻的内涵，体现了中华元素的文化底蕴。灯笼更象征着人们对团圆美好的期盼。福字是我国广受欢迎的文字，寄托了人们对幸福生活的向往，是对美好未来的期盼，亦是圆满、和谐人生的极致追求。

图 2-1-1　福迎门——中国传统工艺文化有限公司标志

操作步骤指引

1. 新建文档

选择"文件→新建"命令，新建文件，文件名为"企业标志"，宽度为 20 厘米，高度为 20 厘米，分辨率为 300 像素 / 英寸，颜色模式为 CMYK 颜色，背景内容为透明，单击"创建"按钮。

2. 制作中国结

① 单击"图层"面板底部的"创建新组"按钮■，新建组并命名为"中国结"，如图 2-1-2 所示。

② 单击"图层"面板底部的"创建新图层"按钮■，新建图层并命名为"中国结"。选择矩形工具，绘制一个 270 像素 × 100 像素的矩形，如图 2-1-3 所示。

图 2-1-2　新建组后图层效果

图 2-1-3　绘制矩形

③ 打开属性面板，设置矩形为无填充、25 像素的红色（RGB：197，44，53）描边，点击取消角半径值链接，设置左边两个角的半径为 38 像素，右边两个角的半径为 0 像素，如图 2-1-4 和图 2-1-5 所示。

④ 按【Ctrl+J】键拷贝矩形，出现新图层"中国结拷贝"，如图 2-1-6 所示。按【Ctrl+T】键，点击鼠标右键选择"顺时针旋转 90°"，选中两个矩形图层执行底对齐和右对齐，如图 2-1-7、图 2-1-8 所示。选中图形按【Ctrl+T】键旋转 45°，如图 2-1-9 所示。旋转后的效果如图 2-1-10 所示。

图 2-1-4　矩形形状属性

图 2-1-5　矩形效果

图 2-1-6　拷贝矩形

图 2-1-7　设置两个矩形对齐方式

图 2-1-9　属性栏设置旋转 45°

图 2-1-8　两个矩形效果

⑤ 同时选中两个矩形，按【Ctrl+J】键拷贝，并按【Ctrl+T】键，点击鼠标右键选择"垂直翻转"命令，得到中国结主体图案，效果如图 2-1-11 所示。

图 2-1-10　旋转 45° 效果　　　　　　　　　　图 2-1-11　中国结主体图案

⑥ 选择矩形工具，绘制一个 60 像素 × 60 像素的矩形，将其设置为无填充、25 像素的红色描边，并按【Ctrl+T】键旋转 45°，如图 2-1-12 所示。然后移动到上方与主体图案的 90 度角对齐，效果如图 2-1-13 所示。

⑦ 选择椭圆工具，分别绘制 40 像素 × 40 像素、60 像素 × 60 像素的正圆，都设置为无填充、20 像素的红色描边，小的移动到主体图案的上方，大的移动到主体图案下方，效果如图 2-1-14 所示。

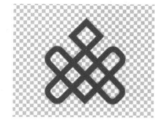

图 2-1-12　绘制矩形　　　　　图 2-1-13　矩形与主体图案对齐　　　　　图 2-1-14　中国结效果

3. 制作灯笼主体

单击"图层"面板底部的"创建新组"按钮▣，新建组并命名为"灯笼主体"。

（1）制作灯笼上盘

① 单击"图层"面板底部的"创建新图层"按钮▣，新建图层并命名为"灯笼上盘"，选择椭圆选框工具，在画布中绘制一个大的椭圆，效果如图 2-1-15 所示。

② 在框选工具栏的属性栏中，单击"与选区交叉"▣重叠模式，选择工具栏中的"矩形选框工具"，再到面板中合适位置绘制矩形选区并与椭圆选区交叉，得到的最终选区如图 2-1-16 所示。

③ 将前景色设置为红色（RGB：197，44，53），按住【Alt+Delete】键填充选区，再按【Ctrl+D】键取消选区，得到如图 2-1-17 所示的效果。

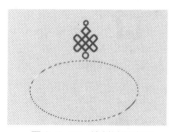
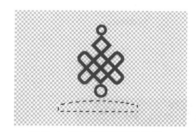

图 2-1-15　绘制椭圆选区　　　　　图 2-1-16　交叉得到的选区　　　　　图 2-1-17　绘制灯笼上盘效果

（2）制作灯笼主体

① 单击"图层"面板底部的"创建新图层"按钮▣，新建图层"灯笼框架"，选择椭圆选框工具，在画布中绘制一个大的椭圆，效果如图 2-1-18 所示。

② 在框选工具栏的属性栏中，单击"从选区减去"▣重叠模式，再到面板中合适位置绘制椭圆选区并与前选区部分交叉，得到的最终选区如图 2-1-19 所示。

图 2-1-18　绘制椭圆　　　　　图 2-1-19　绘制椭圆后的最终选区　　　　图 2-1-20　填充颜色后的效果

③ 将前景色设置为红色（RGB：197，44，53），按住【Alt+Delete】键填充选区，再按【Ctrl+D】键取消选区，得到如图 2-1-20 所示的效果。

④ 按【Ctrl+J】键拷贝图形，出现新图层"灯笼框架拷贝"，按【Ctrl+T】键打开变换选区命令，点击鼠标右键选择"水平翻转"并按住【Shift】键向右移动到合适位置，如图 2-1-21 所示。

⑤ 重复上述①②③④步，绘制灯笼框架的其他部分，最终完成灯笼主体骨架的制作，效果如图 2-1-22 所示。

（3）制作灯笼下盘

选中"灯笼上盘"图层，按【Ctrl+J】键拷贝图形，出现新图层"灯笼上盘拷贝"，按【Ctrl+T】键打开变换选区命令，在属性栏中设置"W"为 130 %，"H"为 120 %，并向下移动到合适位置，如图 2-1-23 所示。

图 2-1-21　复制变形后的效果　　　　图 2-1-22　灯笼主体框架效果　　　　图 2-1-23　制作灯笼下盘

4. 筷子制作

① 单击"图层"面板底部的"创建新组"按钮▣，新建组并命名为"筷子"。

② 单击"图层"面板底部的"创建新图层"按钮▣，新建图层并命名为"筷子"，选择椭圆选框工具，在画布中绘制一个宽度为 31 像素、高度为 16 像素的小的椭圆，并填充深棕色（RGB：72,44,53），效果如图 2-1-24 所示。

③ 按住【Ctrl+J】键拷贝图形，出现新图层"筷子拷贝"，选择移动工具按住【Shift】键向下移动椭圆到合适位置并将新图层移动到"筷子"图层下方，效果如图 2-1-25 所示。

图 2-1-24　筷子制作　　　　　　图 2-1-25　椭圆效果　　　　　　图 2-1-26　筷子效果

④ 单击"图层"面板底部的"创建新图层"按钮，新建图层并命名为"筷子主体"，选择椭圆选框工具，

在画布中绘制一个宽度为 30 像素、高度为 492 像素的矩形，并填充红色（RGB：197,44,53），效果如图 2-1-26 所示。

⑤ 选中"筷子""筷子拷贝"和"筷子主体"三个图层，按【Ctrl+E】键合并图层并双击鼠标左键，修改名字为"筷子 1"图层。按住【Ctrl+J】键五次，复制五个图层，将复制的图层向右移动到合适位置，选择筷子的六个图层，选择"分布"中的"水平居中分布"命令，完成灯笼穗的制作，效果如图 2-1-27、图 2-1-28 所示。

图 2-1-27　选择"水平居中分布"　　　　　　　　图 2-1-28　灯笼穗最终效果

5. 福字设计

① 单击"图层"面板底部的"创建新组"按钮▣，新建组并命名为"福字"。

② 单击"图层"面板底部的"创建新图层"按钮▣，新建图层并命名为"左边 1"，选择椭圆选框工具，按住【Alt+Shift】键在画布中绘制一个 60 像素的正圆，并填充红色（RGB：197,44,53），选择移动工具调整圆到合适的位置。选择矩形选框工具，在画布中合适位置绘制两个矩形并填充红色，效果如图 2-1-29 所示。

③ 单击"图层"面板底部的"创建新图层"按钮▣，新建图层并命名为"左边 2"，选择矩形选框工具，在画布中合适位置绘制一个矩形并填充红色（RGB：197,44,53），选择"编辑→变换→旋转"命令，旋转合适角度，按【Enter】键确认操作，选择移动工具调整到合适的位置。效果如图 2-1-30 所示。

图 2-1-29　绘制圆点和矩形　　　　图 2-1-30　绘制矩形并变形　　　　图 2-1-31　复制矩形图层并变形

④ 按【Ctrl+J】键拷贝图形，出现新图层"左边 2 拷贝"，按【Ctrl+T】键打开变换选区命令，点击鼠标右键选择"水平翻转"，并按住【Shift】键向右移动到合适位置，如图 2-1-31 所示。

⑤ 单击"图层"面板底部的"创建新图层"按钮▣，新建图层并命名为"右边 1"，选择矩形选框工具，在画布中合适位置绘制一个矩形并填充红色。

⑥ 单击"图层"面板底部的"创建新图层"按钮▣，新建图层命名为"右边 2"，选择矩形选框工具在画布中合适位置绘制一个矩形。在框选工具栏的属性栏中，单击"从选区减去"▣重叠模式，再到面板中合适位置绘制椭圆选区并与矩形选区部分交叉，得到的选区如图 2-1-32 所示。选择"编辑→描边"命令，创建宽度为 30 像素的红色描边，将其位置调整为居中，单击"确定"命令，如图 2-1-33 所示。最终得到

如图 2-1-34 所示的效果。

　　⑦ 单击"图层"面板底部的"创建新图层"按钮，新建图层并命名为"右边 3"，选择椭圆选框工具，按住【Alt+Shift】键在画布中合适位置绘制一个正圆形选区。选择"编辑→描边"命令，创建宽度为 30 像素的红色描边，将其位置调整为居中，单击"确定"命令，如图 2-1-35 所示。选择矩形选框工具，在画布中合适位置绘制两个矩形并填充红色，效果如图 2-1-36 所示。

图 2-1-32　交叉得到选区效果

图 2-1-33　描边设置

图 2-1-34　绘制中间"口"字效果图

图 2-1-35　描边效果

图 2-1-36　最终效果

🚀 岗位技能储备——标志设计的技能要点

　　选区、图层、路径是 Photoshop 三大重要部分，这三者是 Photoshop 的精髓。选区是 Photoshop 中进行精细化操作的重要功能，它是指使用选择工具创建的可以限定操作范围的区域。选区的创建工具包括规则选框工具组、套索工具组和魔棒工具组。

1. 规则形状选区的创建

　　规则选框工具组是用来创建规则选区的，规则选框工具组包括 4 个工具，可以使用组合键【Shift+M】进行切换，如图 2-1-37 所示。

　　（1）"矩形选框工具"

　　"矩形选框工具"可以创建矩形和正方形选区。从工具箱中选择"矩形选框工具"后，鼠标指针变为十字状，在画布中拖动鼠标，便可创建一个矩形选区，如图 2-1-38 所示。

图 2-1-37　规则选框工具组

图 2-1-38　创建矩形选区

　　选择"矩形选框工具"，按住【Shift】键的同时拖动鼠标，可创建正方形选区；按住【Alt】键的同时拖动鼠标，可创建以单击点为中心的矩形选区；按住【Shift+Alt】键拖动鼠标，可创建以单击点为中心的正方形选区。

为了使选区更加精确和多样化，通常还要对属性栏内的参数进行设置，"矩形选框工具"的属性栏如图 2-1-39 所示。

图 2-1-39 "矩形选框工具"的属性栏

（2）"椭圆选框工具"

"椭圆选框工具"可以创建椭圆形和圆形选区。从工具箱中选择"椭圆选框工具"后，鼠标指针变为十字状，在画布中拖动鼠标便可创建一个椭圆形选区，如图 2-1-40 所示。

图 2-1-40 椭圆选区

选择"椭圆选框工具"，按住【Shift】键的同时拖动鼠标，可创建正圆形选区；按住【Alt】键的同时拖动鼠标，可创建以单击点为中心的椭圆选区；按住【Shift+Alt】键拖动鼠标，可创建以单击点为中心的正圆形选区。"椭圆选框工具"的属性栏如图 2-1-41 所示。

图 2-1-41 "椭圆选框工具"的属性栏

（3）"单行选框工具"

选择"单行选框工具"，鼠标指针变为十字状，然后在画布上单击一下鼠标，出现了一条细细的蚂蚁线，可以快速绘制一个高度为 1 像素的选区。"单行选框工具"的属性栏如图 2-1-42 所示。

图 2-1-42 "单行选框工具"的属性栏

（4）"单列选框工具"

"单列选框工具"可以快速绘制一个宽度为 1 像素的选区，高度根据画布大小而定。选择"单列选框工具"，鼠标指针变为十字状，然后在画布上单击一下鼠标，出现一条细细的宽度是 1 像素的蚂蚁线。"单列选框工具"的属性栏如图 2-1-43 所示。

图 2-1-43 "单列选框工具"的属性栏

2. 选框工具的属性栏

① 创建选区的 4 种方式。

"新选区"按钮 ■：在图像中创建选区时，新创建的选区将取代原有的选区。

"添加到选区"按钮 ■：在图像中创建选区时，新创建的选区与原有的选区将合并为一个新的选区，如图 2-1-44 所示。

"从选区减去"按钮：在图像中创建选区时，将在原有选区中减去与新选区重叠的部分，得到一个新的选区，若新创建的选区与原选区无重叠区域的原有选区不变，如图 2-1-45 所示。

"与选区交叉"按钮：在图像中创建选区时，将只保留原有选区与新选区相交的部分，形成一个新的选区，如图 2-1-46 所示。

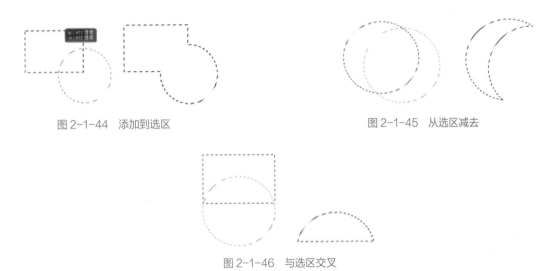

图 2-1-44　添加到选区　　　　　　　　　　图 2-1-45　从选区减去

图 2-1-46　与选区交叉

② "羽化"文本框 ![羽化: 0 像素]。

"羽化"文本框内的值可决定选区边缘的柔化程度。对被羽化的选区填充颜色或图案后，选区内外的颜色或图案将柔和过渡，数值越大，柔和效果越明显。如图 2-1-47 所示是三个大小相同但羽化值不同的圆形选区填充颜色后的效果。

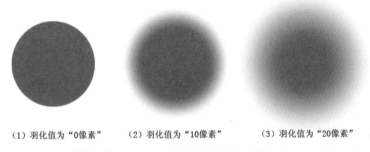

（1）羽化值为"0像素"　　　（2）羽化值为"10像素"　　　（3）羽化值为"20像素"

图 2-1-47　羽化值不同的圆形选区

③ "消除锯齿"复选框 ![消除锯齿]。

该选项只有在选择了"椭圆选框工具"后才能被激活。选中该复选框后，可使选区边缘变得平滑。同样大小的选区勾选和未勾选该复选框后的对比效果如图 2-1-48 所示。

④ "样式"选项 ![样式: 正常]。

只有选择"矩形选框工具"或"椭圆选框工具"时，"样式"下拉列表才能被激活。在"样式"下拉列表中有三个选项，如图 2-1-49 所示。

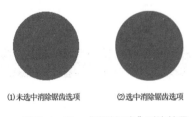

（1）未选中消除锯齿选项　　（2）选中消除锯齿选项

图 2-1-48　"消除锯齿"对比效果

图 2-1-49　"样式"下拉列表

3. 任意形状选区的创建

创建任意形状选区的工具有套索工具组和魔棒工具组。Photoshop 的套索工具组内含三个工具,分别是"套索工具""多边形套索工具""磁性套索工具",可以使用组合键【Shift+L】进行切换。

（1）"套索工具"

"套索工具"用于创建任意形状的不规则选区,选区的形状取决于鼠标移动的轨迹。选择"套索工具"后,按住鼠标左键沿着要选定的图像边缘拖曳鼠标,当回到起点时释放鼠标,可自动创建一个不规则的选区;如果未回到起点,释放左键后将自动链接起点和终点,创建一个不规则选区。套索工具创建的选区完全依循于鼠标移动的轨迹。"套索工具"的属性栏如图 2-1-50 所示。

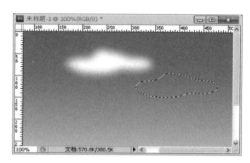

图 2-1-50 "套索工具"的属性栏

图 2-1-51 使用套索工具绘制的白云

套索工具和选框工具的属性相似,用法基本相同。套索工具主要配合"羽化"来使用,从而得到想要的效果。如图 2-1-51 所示是使用套索工具绘制的白云。

（2）"多边形套索工具"

"多边形套索工具"用于创建具有直线边的多边形选区。单击鼠标确定起点,围绕需要选择的对象不断单击以确定节点,节点与节点之间将自动连接成选择线,按住【Shift】键可以创建水平、垂直或 45 度角的线。

使用多边形套索工具时应注意:

① 当终点与起点重合时,鼠标右下角会出现一个圆圈,单击即可闭合生成选区。在绘制过程中双击鼠标左键即可直接封闭选区。

② 如果在创建选区的过程中出现错误操作,按【Delete】键即可删除刚刚创建的节点。

"多边形套索工具"的属性栏如图 2-1-52 所示。

图 2-1-52 "多边形套索工具"的属性栏

（3）"磁性套索工具"

磁性套索工具是一种智能选择工具,用于选择边缘比较清晰、对比度明显的图像。可以根据图像的对比度自动跟踪图像边缘,并沿图像的边缘自动生成选区。

单击鼠标左键定义起始点,松开鼠标,围绕需要选择的图像边缘移动鼠标,如果在拖动鼠标的过程中感觉图像某处的边缘不太清晰导致得到的选区不精确,可以单击鼠标人为地确定一个节点,如果得到的节点不准确,可以按【Delete】键删除前一个节点。"磁性套索工具"的属性栏如图 2-1-53 所示。

图 2-1-53 "磁性套索工具"的属性栏

注意：在使用套索工具和磁性套索工具时,若要暂时切换到多边形套索工具,按住【Alt】键,单击鼠标即可，松开即可切换回来。

魔棒工具组包含对象选择工具、快速选择工具和魔棒工具，这三个工具都可以快速地选取图像中颜色较单纯的区域，以便于快速地编辑图像。

（4）"对象选择工具"

"对象选择工具"用于选择一个对象或区域。选择"对象选择工具"，确保属性栏中对象查找器处于启用状态，选择选区模式为"矩形"或"套索"。将鼠标指针悬停在图像中要选择的对象或区域上，可选择的对象和区域将以叠加颜色突出显示，如图2-1-54所示。单击会自动选择该对象，如图2-1-55所示。

图 2-1-54　叠加颜色突出显示　　　　　　　　　　　　　　图 2-1-55　单击后效果

（5）"快速选择工具"

"快速选择工具"利用可以调整的圆形画笔笔尖快速选中图像中所需要的区域。

选择"快速选择工具"，在属性栏中设置好相应的参数，在图像中单击左键并拖动，拖动鼠标时选区向外扩展，并自动查找和跟随与圆形笔尖所接触的图像中像素的颜色值相似的颜色边缘，并将其选中，圆形笔尖越大，选择的范围越大，选择速度越快。"快速选择工具"的属性栏如图2-1-56所示。

图 2-1-56　"快速选择工具"的属性栏

"快速选择工具"有三种选区创建模式，即"新选区""添加到选区"和"从选区减去"。应用与前面讲的创建选区的方式相同。

注意：当使用"新选区"按钮添加选区后会自动将"添加到选区"按钮切换为激活状态，按下鼠标在图像中拖曳，可以增加图像的选取范围，如图2-1-57所示。

"画笔"选项 ：用于设置所选范围区域的大小，如图2-1-58所示。

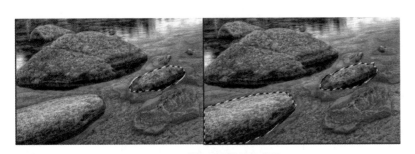 

图 2-1-57　增加图像的选取范围　　　　　　　　　　　　　图 2-1-58　"画笔"选项

（6）"魔棒工具"

魔棒工具是 Photoshop 中提供的一种比较快捷的抠图工具。魔棒工具可以根据图像的颜色制作选区，它可以把图像中连续或者不连续但颜色相近的区域作为选区的范围，以选择颜色相同或相近的色块。魔棒工具使用起来很简单，只要用鼠标在图像上单击一下，Photoshop 即可完成与鼠标单击点颜色一致或相似的区域选择。"魔棒工具"的属性栏如图 2-1-59 所示。

图 2-1-59 "魔棒工具"的属性栏

4. 选区的基本操作

选区是 Photoshop 一个重要的功能，通过某些方式选取图像中的区域，形成选区。下面了解选区的基本操作，其中包括全选、移动选区、反选、取消选择、羽化和变换选区等。

（1）全选

选择"选择→全部"菜单命令（快捷键是【Ctrl+A】），可以全选整个画布的范围。效果如图 2-1-60 所示。

（2）移动选区

创建选区后，在选区范围内，按住鼠标左键即可对选区进行拖曳。注意，一定要在选中选区工具的状态下进行拖曳。如果选中移动工具进行拖曳，就会改变选区内图片的像素。效果如图 2-1-61、图 2-1-62 所示。

图 2-1-60 全选命令

图 2-1-61 移动选区命令

图 2-1-62 移动工具命令

图 2-1-63 反选效果

（3）反选

如果需要选择选区以外的范围，可以对选区进行反选。反选的方法有多种，一种是"选择→反选"命令（快捷键是【Shift+Ctrl+I】）；另一种是在选中选区工具的情况下，单击鼠标右键，在弹出的菜单中选择"选择反向"选项。反选效果如图 2-1-63 所示。

（4）取消选择

如果需要取消选择，可单击"选择→取消选择"命令或者按快捷键【Ctrl+D】。在选中选区工具的情况下，单击鼠标右键，在弹出的菜单中选择"取消选择"选项也可以取消选区。因为在 Photoshop 中只能创建一个选区，所以在属性栏为创建新选区的情况下再次使用选区工具，原来创建的选区就会消失。

（5）羽化

使用羽化功能，可以让选区的边缘变柔和。创建选区，然后在选区上单击鼠标右键，在弹出的菜单中选择"羽化"选项，打开"羽化选区"对话框，设置"羽化半径"的数值。在选区没有羽化的情况下，填色后矩形边缘是锐利的，选区羽化后，填色的边缘就变柔和了，羽化的数值越大，边缘越柔和，效果如图 2-1-64 所示。

（6）变换选区

创建选区后可以改变选区的形状。以矩形选框工具为例，创建选区后，在选区内单击鼠标右键，在弹出的菜单中选择"变换选区"选项，就可以对选区进行调整。选区形状调整好后，按【Enter】键即可完成选区变形，效果如图 2-1-65 所示。

图 2-1-64　羽化命令效果对比

图 2-1-65　使用"变换选区"命令调整选区

提示：

变换选区与自由变换的区别：

变换选区需要在选中选区工具的情况下进行。如果在选中移动工具的情况下，使用快捷键【Ctrl+T】进行自由变换，那么改变的将是图片的像素，而不是选区的形状。

（7）选区的布尔运算

使用选区工具时，可以通过选区的布尔运算，属性栏中包括添加到选区、从选区减去和与选区交叉。

在已创建选区的情况下，按住【Shift】键后可添加选区，按住【Alt】键可删减选区，按住【Shift】+【Alt】键可选中两个选区交叉的区域。

5. 图像的填充

对选区或图层进行填充时，可以使用填充工具组中的工具，也可以使用菜单命令或快捷键。

填充工具组包括三种工具："渐变工具""油漆桶工具"和"3D 材质拖放工具"。

（1）"渐变工具"

渐变工具用来填充渐变色，如果不创建选区，渐变工具将作用于整个图像。

选择"渐变工具"后，选择好起点，按住鼠标左键拖曳，形成一条直线，直线的长度和方向决定了渐变填充的区域和方向，拖曳鼠标的同时按住【Shift】键可保证鼠标的方向是水平、竖直或 45 度，拖动到终点松开即可拉出想要的渐变色。"渐变工具"的属性栏如图 2-1-66 所示。

图 2-1-66　"渐变工具"的属性栏

点按可编辑渐变 ：渐变颜色条中显示了当前的渐变颜色，单击其右侧的"选择和管理渐变预设"按钮 ，可以打开一个弹出式面板，如图 2-1-67 所示。单击"点按可编辑渐变"按钮，可以打开"渐变编辑器"对话框，在"渐变编辑器"对话框中可以设置渐变颜色或存储渐变样式，如图 2-1-68 所示。

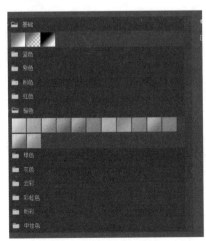

图 2-1-67　渐变预设面板

图 2-1-68　渐变编辑器

渐变类型包括线性渐变、径向渐变、角度渐变、对称渐变和菱形渐变5种渐变样式,渐变效果如图2-1-69所示。

"线性渐变" ▣:在图像中拖曳鼠标,将产生自鼠标起点到终点的直线渐变效果。

"径向渐变" ▣:产生以鼠标起点为圆心,鼠标拖曳的距离为半径的圆形渐变效果。

"角度渐变" ◨:产生以围绕鼠标起点逆时针方向环绕的锥形渐变效果。

"对称渐变" ▤:产生在鼠标起点两侧的对称直线渐变效果。

"菱形渐变" ▣:产生以鼠标起点为中心,鼠标拖曳距离为半径的菱形图案渐变效果。

图2-1-69　五种渐变样式

模式 模式:正常 :用来设置应用渐变时渐变色与底图的混合模式。

不透明度 不透明度:100% :用来设置渐变效果的不透明度。

反向 反向 :勾选该复选框可以转换渐变条中的颜色顺序,得到反向的渐变填充效果。

仿色 ☑仿色 :该选项用来控制色彩的显示,勾选该复选框,可以使色彩过渡更加柔和、平滑,以防出现色带。

透明区域 ☑透明区域 :勾选该项,可创建透明渐变;取消勾选则只能创建实色渐变。

(2)"油漆桶工具" ◈

油漆桶工具是一款填色工具,可以快速对选区、当前图层、色块等填充颜色或填充图案。如果要在色块上填色,需要设置好属性栏中的容差值。油漆桶工具可根据像素颜色的近似程度来填充颜色,填充的颜色为前景色或连续图案(油漆桶工具不能作用于位图模式的图像)。"油漆桶工具"的属性栏如图2-1-70所示。

图2-1-70　"油漆桶工具"的属性栏

(3)"3D材质拖放工具" ◙

3D材质拖放工具可以对3D文字和3D模型填充纹理效果。3D材质拖放工具可以将3D材质拖到3D模型上进行填充,无需再点击模型上的面进行材质更换。

例如:输入文字"科幻世界",将3D窗口打开,创建3D模型,进入3D工作区后,3D材质拖放工具会出现在左侧的工具栏里,点击工具设置里的材质角标,点击选中,然后将光标移到模型上进行填充,模型就被3D材质拖放工具填充了视图选择的材质,效果如图2-1-71所示。材质器还可以进行新建材质或其他视图、更换材质等操作,右侧栏可以对材质的参数进行调整。

(4)菜单命令

选择"编辑"下的"填充"命令也可以对选区或当前图层进行填充,选择该命令后,可弹出"填充"对话框,如图2-1-72所示。

图 2-1-71　"3D 材质拖放工具"填充纹理效果　　　　　　　图 2-1-72　"填充"对话框

6. 图像的移动和变换

"移动工具"快捷键为【V】,可以用来移动文件中的图层、选区内的图像或是将图像拖入其他文件中。移动操作主要针对整体图层或者多个图层,也可以针对图层上选区内的像素,因此移动工具和图层密不可分。利用"移动工具" ,可对选区内的对象或当前图层中的对象进行移动、复制、变换等操作。

在同一幅图像中,选择"移动工具"后,直接拖动对象到目标位置可实现对该对象的移动;按住【Alt】键的同时拖动对象,则实现对该对象的复制。若直接拖动对象到另一幅图像中,则是将该对象复制到另一幅图像的新图层中。如果创建了选区,则将光标放在选区内,单击并拖动鼠标可以移动选中的图像。"移动工具"的属性栏如图 2-1-73 所示。

图 2-1-73 "移动工具"的属性栏

"自动选择" :不勾选该复选框,在移动图像时只能移动当前图层中的内容;勾选该复选框,在其后的下拉列表框中选择"图层",则在图像中单击鼠标时,会自动选择鼠标指针落点处第一个有可见像素的图层,并对此图层中的对象进行操作;若在下拉列表框中选择"组",则在图像中单击鼠标时,通过自动选择图层组中某一个图层中的像素来自动选择图层组,并对整个图层组中的对象进行操作。

"显示变换控件" :勾选该复选框后,选区内的对象或当前图层中的对象周围就会出现一个有 8 个控点的变换控件框,如图 2-1-74 所示,此时可利用以下方法对图像进行自由变换。

移动中心点位置:中心点是变形的基准,直接拖动中心点即可改变其位置。

缩放:将鼠标指针移动到变换控件框的某个控点或某条边线上,指针变形为双箭头时,拖动鼠标,可对其进行任意缩放。按住【Shift】键,拖动某个角上的控点,可对图像进行等比例缩放。按住【Alt】键,拖动某个控点,将以中心点为基准,进行对称缩放。

旋转:将鼠标指针移动到变换控件框外侧,指针变形为弧形双箭头时,拖动鼠标即可使图像围绕中心点进行旋转。

扭曲(控点可向任意方向移动):按住【Ctrl】键拖动某个控点,向任意方向移动,可使图像发生扭曲变形,如图 2-1-75 所示。

斜切(控点只能在水平或垂直方向上移动):按住【Ctrl+Shift】键,拖动某个控点在水平或垂直方向上移动,可使图像发生斜切变形,如图 2-1-76 所示。

透视(控点的位置对称变化):按住【Ctrl+Shift+Alt】键,拖动某个控点,可使图像发生透视变形,如图 2-1-77 所示。

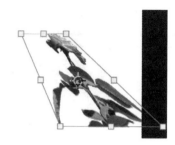

图 2-1-74 变换控件框　　　图 2-1-75 扭曲变形　　　图 2-1-76 斜切变形　　　图 2-1-77 透视变形

岗位知识储备——标
志设计的基本常识1

任务 2　环保标志设计

 学习情境描述

　　本案例是一款环保企业标志设计。提到环保企业，往往会联想到大自然的场景，青山、绿水、蓝天、红日加上绿叶，这些元素都会随之出现在人们的脑海中，所以这个标志就选取了草绿色、蓝色以及红色为主要颜色，这三种颜色在色相环中属于对比色，色彩对比比较强烈，搭配在一起非常出彩。本案例采用圆形设计，圆形标志的"容量"较大，是标志中比较常见的一种形态，如图 2-2-1 所示。

图 2-2-1　环保企业标志

 操作步骤指引

　　1. 新建文档，绘制圆环

　　① 选择"文件→新建"命令，新建一个文件，文件名为"环保企业标志"，宽度为 1000 像素，高度为 1000 像素，分辨率为 300 像素 / 英寸，颜色模式为 RGB 颜色，背景内容为透明，单击"创建"按钮。

　　② 使用快捷键【Ctrl+R】键调出标尺，然后点击"视图→参考线"，选择"新建参考线"命令，弹出"新参考线"对话框，"取向"选择"垂直"，建立一条竖直的线条，"位置"设置为 500 像素，点击"确定"，如图 2-2-2 所示。再次选择"新建参考线"，"取向"选择"水平"，建立一条水平的线条，"位置"设置为 500 像素，点击"确定"。两条参考线的交点即图像的中心点。

图 2-2-2　"新参考线"对话框

　　③ 单击"图层"面板底部的"创建新图层"按钮，新建图层并命名为"蓝色外圆"。选择"椭圆选框工具"，以图像中心点为起点，按住【Alt+Shift】键绘制一个 964 像素 ×964 像素的正圆形，设置前景色为蓝色（RGB: 2，125，192），按住【Alt+Delete】键填充选区，按【Ctrl+D】键取消选区，效果如图 2-2-3 所示。

　　④ 单击"图层"面板底部的"创建新图层"按钮，新建图层并命名为"白色外圆"。选择"椭圆选框工具"，以图像中心点为起点，按住【Alt+Shift】键绘制一个 896 像素 ×896 像素的正圆形，设置前景色为白色，按住【Alt+Delete】键填充选区，按【Ctrl+D】键取消选区，效果如图 2-2-4 所示。

　　⑤ 重复第③步的方法，绘制一个大小为 524 像素 ×524 像素的"蓝色内圆"。效果如图 2-2-5 所示。

图 2-2-3　创建蓝色外圆

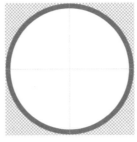

图 2-2-4　绘制白色圆

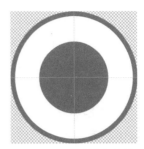

图 2-2-5　绘制蓝色内圆

2. 绘制太阳、山峰、水波

① 单击"图层"面板底部的"创建新图层"按钮回，新建图层并命名为"太阳"。选择"椭圆选框工具"，以蓝色内圆内垂直参考线上合适位置为起点，按住【Alt+Shift】键绘制一个 172 像素 ×172 像素的正圆形，设置前景色为红色（RGB：255，0，0），按住【Alt+Delete】键填充选区，按【Ctrl+D】键取消选区，效果如图 2-2-6 所示。

② 单击"图层"面板底部的"创建新图层"按钮回，新建图层并命名为"山峰"。选择"多边形套索工具"，以蓝色内圆内合适位置为起点，绘制一个山峰形状，设置前景色为青色（RGB：18，88，76），按住【Alt+Delete】键填充选区，按【Ctrl+D】键取消选区，效果如图 2-2-7 所示。

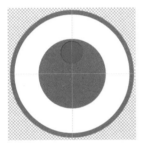

图 2-2-6　绘制太阳

图 2-2-7　绘制山峰

图 2-2-8　绘制水波

③ 单击"图层"面板底部的"创建新图层"按钮回，新建图层并命名为"水波"。选择"矩形选框工具"，以蓝色内圆内合适位置为起点，绘制 5 个长方形选区，设置前景色为浅蓝色（RGB：172，241，217），按住【Alt+Delete】键填充选区，按【Ctrl+D】键取消选区，效果如图 2-2-8 所示。

3. 绘制叶子、花

① 单击"图层"面板底部的"创建新图层"按钮回，新建图层并命名为"叶茎"。选择"椭圆选框工具"，以图像中心点为起点，按住【Alt+Shift】键绘制一个 712 像素 ×712 像素的正圆形，设置前景色为淡绿色（RGB：137，250，132），选择"编辑→描边"命令，弹出"描边"对话框，设置"宽度"为 5 像素，"颜色"为前景色，"位置"为居中，单击"确定"命令完成描边，如图 2-2-9 所示。按【Ctrl+D】键取消选区，选择"橡皮擦工具"将圆上部擦掉一块，效果如图 2-2-10 所示。

图 2-2-9　"描边"对话框

图 2-2-10　绘制叶茎效果

② 单击 "图层" 面板底部的 "创建新组" 按钮，新建组并命名为 "叶子"。单击 "图层" 面板底部的 "创建新图层" 按钮，新建图层并命名为 "叶子 1"。选择椭圆选框工具，绘制一个椭圆，属性栏选择 "与选区交叉"，然后再绘制一个相交的椭圆，设置前景色为淡绿色（RGB：137，250，132），按住【Alt+Delete】键填充选区，按【Ctrl+D】键取消选区，得到的叶子雏形如图 2-2-11 所示。

③ 选择工具栏中的缩放工具，放大当前画布，按【Ctrl+T】键打开 "自由变换" 命令，点击鼠标右键选择 "变形"，调整变形控制点，效果如图 2-2-12 所示，单击【Enter】键完成叶子制作。再按【Ctrl+T】键，将叶子旋转 30 度，效果如图 2-2-13 所示，按【Ctrl+D】键取消选区。

图 2-2-11 绘制叶子雏形　　图 2-2-12 变形　　图 2-2-13 旋转

④ 选择 "叶子 1" 图层，按【Ctrl+J】键拷贝图形，出现新图层 "叶子 1 拷贝"，按【Ctrl+T】键打开 "变换选区" 命令，点击鼠标右键选择 "水平翻转"，并按住【Shift】键向右移动到合适位置，如图 2-2-14 所示。

⑤ 选择 "叶子 1" 和 "叶子 1 拷贝" 两个图层，按【Ctrl+E】键合并图层并修改图层名为 "叶子"，选择 "移动工具"，将 "叶子" 移动到 "叶茎" 图层的左下角。按【Ctrl+T】键，将叶子逆时针旋转 48° 并移动到合适位置，效果如图 2-2-15 所示。

按【Ctrl+J】键拷贝叶子图形，出现新图层 "叶子拷贝"，按【Ctrl+T】键调整 "叶子" 中心点到图像中心点，旋转角度设置为 15 度，效果如图 2-2-16 所示，单击【Enter】键完成叶子变形设置。

图 2-2-14 复制叶子　　图 2-2-15 移动到合适位置　　图 2-2-16 复制并设置旋转角度

⑥ 按住【Ctrl+Alt+Shift】键，然后连续按【T】键 7 次，每按一次生成一个新的叶子拷贝图层，效果如图 2-2-17 所示。

选择 "叶子" 图层，按【Ctrl+J】拷贝图形，出现 "叶子拷贝 9" 新图层并改名为 "叶子右"，按【Ctrl+T】键打开 "变换选区" 命令，点击鼠标右键选择 "水平翻转"，并按住【Shift】键向右移动到合适位置，如图 2-2-18 所示。

按【Ctrl+J】键拷贝 "叶子右" 图形，出现新图层 "叶子右拷贝"，按【Ctrl+T】键调整 "叶子右拷贝" 中心点到图像中心点，旋转角度设置为 "-15°"，单击【Enter】键完成叶子变形设置。按住【Ctrl+Alt+Shift】键，然后连续按【T】键 7 次，每按一次生成一个新的叶子右拷贝图层，效果如图 2-2-19 所示。

图 2-2-17　复制、变换叶子图层 1　　　图 2-2-18　水平翻转叶子图层　　　图 2-2-19　复制、变换叶子图层 2

⑦单击"图层"面板底部的"创建新图层"按钮，新建图层并命名为"顶端叶子"。选择椭圆选框工具，绘制一个椭圆，属性栏选择"与选区交叉"，然后再绘制一个相交的椭圆，设置前景色为淡绿色（RGB：137，250，132），按住【Alt+Delete】键填充选区，按【Ctrl+D】键取消选区，按【Ctrl+T】键打开"自由变换"命令，点击鼠标右键选择"变形"，调整变形控制点，得到顶端叶子形状，移动并旋转到合适的位置。效果如图 2-2-20 所示。

选择"顶端叶子"图层，按【Ctrl+J】键拷贝图形，出现"顶端叶子拷贝"图层，按【Ctrl+T】键打开"变换选区"命令，点击鼠标右键选择"水平翻转"，并按住【Shift】键向右移动到合适位置，如图 2-2-21 所示。

⑧单击"图层"面板底部的"创建新图层"按钮，新建图层并命名为"结 1"。选择矩形选框工具，绘制一个长方形，设置前景色为淡绿色（RGB：137，250，132），按住【Alt+Delete】键填充选区，按【Ctrl+D】键取消选区，按【Ctrl+T】键打开"自由变换"命令，点击鼠标右键选择"变形"，调整变形控制点，得到"结 1"形状，移动并旋转到合适的位置。效果如图 2-2-22 所示。

图 2-2-20　绘制顶端叶子　　　图 2-2-21　复制并调整顶端叶子　　　图 2-2-22　绘制装饰

⑨选择"结 1"图层，按【Ctrl+J】键拷贝图形，出现"结 1 拷贝"图层，修改名字为"结 2"，按【Ctrl+T】键打开"变换选区"命令，点击鼠标右键选择"水平翻转"，并按住【Shift】键向右移动到合适位置，如图 2-2-23 所示。

⑩单击"图层"面板底部的"创建新图层"按钮新建图层。选择"自定形状工具"，属性栏选择"形状"模式，"填充"为淡绿色（RGB：137，250，132），"描边"为无，"形状"为花卉选项组中的"形状 48"，在图层上拖动出一个 100 像素 ×100 像素的花，移动到合适的位置，双击修改图层名为"花"。清除参考线，完成企业标志设计。最终效果如图 2-2-24 所示。

图 2-2-23　复制装饰效果　　　图 2-2-24　最终效果

岗位技能储备——标志设计的技能要点

1. 画笔工具组

Photoshop 工具箱中的"画笔工具组"包含了 4 种工具，分别是"画笔工具""铅笔工具""颜色替换工具"和"混合器画笔工具"。Photoshop 提供了极为丰富的画笔，可以使用数千款自定义画笔或者创建自己的画笔绘画和绘图。

（1）"画笔工具"

"画笔工具"可以使用前景色绘制出各种线条，也可以使用它来修改通道和蒙版，快捷键是【B】。

"画笔工具"的使用：首先在工具箱中设置前景色，然后单击工具箱中"画笔工具"图标选中"画笔工具"，单击属性栏中"画笔预设"的下拉箭头，在打开的"画笔预设选取器"中设置画笔"预设选项"、画笔"大小"和画笔"硬度"，然后将鼠标指针移动到新建或打开的图像文件中单击并拖曳，可绘制不同形状的图形或线条。"画笔工具"的属性栏如图 2-2-25 所示。

图 2-2-25 "画笔工具"的属性栏

"工具预设"：在"工具预设"选取器中可以选择系统预设的画笔样式或将当前画笔定义为预设。在这里可以选择当前工具的预设或所有工具的预设。

"画笔预设选取器"：在"画笔预设"选取器中可以对画笔的大小、硬度以及样式进行设置，单击右侧的按钮，会弹出如图 2-2-26 所示的画笔设置面板。单击"画笔预设"选取器右上角的按钮，在打开的菜单中可以选择"新建画笔预设"选项，将对画笔进行的自定义设置保存为画笔预设，或选择更多的画笔类型。

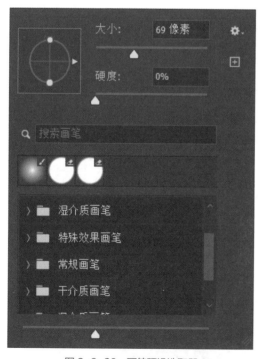

图 2-2-26 画笔预设选取器

图 2-2-27 画笔设置面板

"切换'画笔设置'面板"：切换"画笔"面板的打开与关闭，按【F5】键或单击此按钮，可以弹出如图 2-2-27 所示的画笔面板，在该面板中可以对画笔工具的更多扩展选项进行设置。该面板由三个部分组成，左侧部分主要用于选择画笔的属性，右侧部分用于设置画笔的具体参数，最下面部分是画笔的预览区域。

（2）"铅笔工具" ✏️

此工具与画笔工具类似，可以在图像文件中绘制不同形状的图形及线条，还可以创建硬边直线。

"铅笔工具"的属性栏和"画笔工具"基本相似，只是多了一个"自动抹除"选项，这是铅笔工具所具有的特殊功能。"铅笔工具"的属性栏如图 2-2-28 所示。

图 2-2-28　"铅笔工具"的属性栏

"自动抹除"（仅限铅笔工具）：用于在包含前景色的区域上方绘制背景色，需要选择要抹除的前景色和要更改为的背景色。

（3）"颜色替换工具" 🖌️

"颜色替换工具"能够简化图像中特定颜色的替换。"颜色替换工具"是用前景色替换图像中指定的像素，因此使用时需选择好前景色，一般用于画面局部调色。"颜色替换工具"的属性栏如图 2-2-29 所示。

图 2-2-29　"颜色替换工具"的属性栏

"颜色替换工具"的属性栏的"取样" 🖌️🖌️🖌️ 包含三种选项："连续" 🖌️ 即按键盘【Alt】键拾取颜色，再按住鼠标左键一直拖动，即便颜色不同也会产生颜色替换效果；"一次" 🖌️ 即按键盘【Alt】键拾取颜色，再按住鼠标左键一直拖动，当颜色不同时就不会产生颜色替换效果；"背景色板" 🖌️ 即只对背景色产生颜色替换效果。

如图 2-2-30 所示，打开"花"素材，选取"颜色替换工具"。拾取花中花叶的颜色，对花进行颜色替换，应用"连续"的效果如图 2-2-31 所示，应用"一次"的效果图 2-2-32 所示。将背景色变为红色（#780201）进行替换，应用"背景色板"的效果如图 2-2-33 所示。

图 2-2-30　"花"素材　　图 2-2-31　应用"连续"的效果　　图 2-2-32　应用"一次"的效果　　图 2-2-33　应用"背景色板"的效果

（4）"混合器画笔工具" 🖌️

"混合器画笔工具"可以绘制出逼真的手绘效果，是较为专业的绘画工具。"混合器画笔工具"就是将"画笔"的颜色与"画布"上的颜色按照不同的模式混合并产生新的效果。

通过设置"混合器画笔工具"的属性栏可以调节笔触的颜色、潮湿度、混合颜色等，这些就如同我们在绘制水彩画或油画的时候，随意调节颜料颜色、浓度、颜色混合等，可以绘制出更为细腻的效果图。"混合器画笔工具"的属性栏如图 2-2-34 所示。

图 2-2-34　"混合器画笔工具"的属性栏

2. 历史记录画笔工具组

历史记录画笔工具组包括"历史记录画笔工具"与"历史记录艺术画笔工具"。从整体上看，历史记录画笔属于复原工具，且其使用必须与历史记录面板结合。

（1）"历史记录画笔工具"

在编辑图像的过程中，可以将编辑进行到某一步时的图像状态保存下来，而历史记录画笔工具的作用就是将这一状态重现。选取历史记录画笔工具后，用鼠标在图像上拖动，则鼠标经过的区域将重现图像当时的状态。

提示：默认情况下，历史记录面板上能够记录的历史操作步数为 20 步，通过执行菜单命令"编辑/预置/常规"（或【Ctrl+K】键）在弹出的对话框中改变历史记录数。

"历史记录画笔工具"的属性栏与"画笔工具"完全相同，如图 2-2-35 所示，这里不再做详细介绍。

图 2-2-35　"历史记录画笔工具"的属性栏

（2）"历史记录艺术画笔工具"

"历史记录艺术画笔工具"与"历史记录画笔工具"的功能相似，只是比历史记录画笔多了风格化处理，从而可以产生特殊的效果。

"历史记录艺术画笔工具"使用指定历史记录状态或快照中的源数据，以风格化描边进行绘画。通过尝试使用不同的绘画样式、大小和容差选项，以不同的色彩和艺术风格模拟绘画的纹理。

像"历史记录画笔工具"一样，"历史记录艺术画笔工具"也将指定的历史记录状态或快照用作源数据。但是，历史记录画笔工具通过重新创建指定的源数据来绘画，而历史记录艺术画笔工具在使用这些数据的同时，还可使用为创建不同的颜色和艺术风格设置的选项。"历史记录艺术画笔工具"的属性栏如图 2-2-36 所示。

图 2-2-36　"历史记录艺术画笔工具"的属性栏

3. 橡皮擦工具组

橡皮擦工具组主要用于擦除图像中多余的像素，其中包含三个工具："橡皮擦工具""背景橡皮擦工具"和"魔术橡皮擦工具"。

（1）"橡皮擦工具"

"橡皮擦工具"主要用于擦除图形图像。使用"橡皮擦工具"（快捷键【E】）拖动鼠标即可将图像擦成透明或背景色，其属性栏如图 2-2-37 所示。若擦除的是背景层中的图像，则擦除位置用背景色来填充，如果要擦除背景层上的内容并使其透明，要先将背景层转为普通图层；若擦除的是普通图层中的图像，则擦除位置变为透明。利用放大镜将图像放大到 1600 %，可以一个像素一个像素地擦除。

图 2-2-37　"橡皮擦工具"的属性栏

（2）"背景橡皮擦工具"

"背景橡皮擦工具"是一种智能化的橡皮擦，主要用来抠图。设置好前景色以后，使用该工具可以在抹除背景的同时保护前景对象的边缘，"背景橡皮擦工具"可直接在背景层上使用，使用后背景层将自动转换为普通图层。"背景橡皮擦工具"的属性栏如图 2-2-38 所示。

图 2-2-38　"背景橡皮擦工具"的属性栏

（3）"魔术橡皮擦工具"

"魔术橡皮擦工具"主要也是用来抠图，是将像素抹除以得到透明区域。使用"魔术橡皮擦工具"在图像中单击，可以将所有与落点处颜色在容差范围内的像素擦除成透明，使背景图层自动转为普通图层。它是利用魔棒的原理，选取一定的颜色并对其进行擦除。"魔术橡皮擦工具"与"魔棒工具"相似，只是"魔棒工具"用来选择图像中颜色相近的像素，而"魔术橡皮擦工具"是用来擦除图像中颜色相近的像素。"魔术橡皮擦工具"的属性栏如图 2-2-39 所示。

图 2-2-39　"魔术橡皮擦工具"的选项栏

岗位知识储备——标
志设计的基本常识 2

中华汉字的魅力——标志里的中国元素

　　汉字是世界上历史最悠久的文字之一，是中华民族文化和智慧的结晶，是传承中华优秀文化的重要载体，也是造型艺术家进行创作时重要的灵感来源。香港著名设计师靳埭强设计的中国银行标志便是其中的代表，如图 2-2-40 所示。这个标志以中国古代的钱币与"中"字为基本形状，古代钱币是圆与方的框线设计，中间呈现的是方孔，上下加垂直线，组成"中"字的形状，传达天圆地方的寓意。中国民族品牌"永久"自行车，设计师将"永""久"两个汉字"捏合"成一辆自行车，如图 2-2-41 所示，通俗易懂，妙笔生花。还有我国众多大学校徽设计，更是体现了汉字与中国传统文化的衔接契合。鲁迅先生设计的北大校徽便是经典之作，如图 2-2-42 所示，北京大学沿用至今。篆书"北大"二字由三个人字图形组成，徽章形似瓦当，具有鲜明的中华传统文化特色。

图 2-2-40　中国银行标志

图 2-2-41　"永久"自行车标志

图 2-2-42　北京大学校徽

技能拓展

➡ 知识树

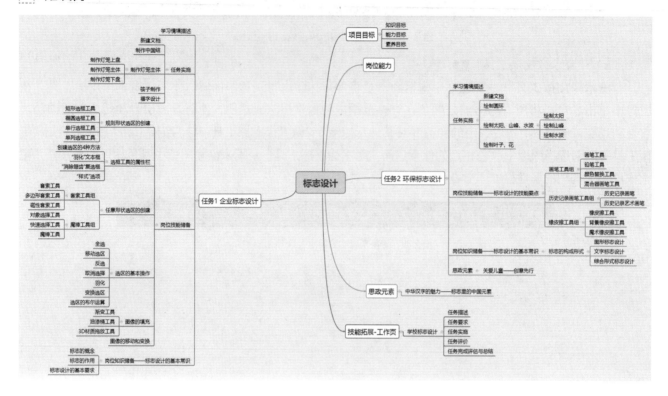

➡ 习题

1.Photoshop 中利用单行或单列选框工具选中的是（　　）。

　A. 拖动区域中的对象　　　　　　　　B. 图像行向或竖向的像素

　C. 一行或一列像素　　　　　　　　　D. 当前图层中的像素

2. 羽化选择命令的快捷键是（　　）。

　A．Shift+Ctrl+A　　　B．Shift+Ctrl+B　　　C．Shift+Ctrl+I　　　D．Ctrl+Alt+D

3. 向画面中快速填充背景色的快捷键是（　　）。

　A．Alt+Delete　　　B．Ctrl+Delete　　　C．Shift+Delete

4. 反选命令的快捷键是（　　）。

　A．Shift+Ctrl+A　　　B．Shift+Ctrl+B　　　C．Shift+Ctrl+I　　　D．Ctrl+Alt+ D

5. 画笔工具的用法和喷枪工具的用法基本相同，唯一不同的是以下（　　）选项。

　A．笔触　　　　　B．模式　　　　　C．湿边　　　　　D．不透明度

6. 以下（　　）不属于套索工具组。

　A．套索工具　　　B．多边形套索工具　C．矩形选框工具　　D．磁性套索工具

➡ 课堂笔记

在 Photoshop 平面设计中，文字是最基础的设计元素，在恰当的环境下使用合适的文字设计，可以让设计更生动、严谨。文字设计是提高 Photoshop 平面设计作品的诉求力，赋予设计作品审美价值的一种重要构成内容。

- ●任务1　　　"家和万事兴"文字设计
- ●任务2　　　"和"的意境

 岗位能力

熟练掌握 Photoshop 中路径相关工具的用法，并能应用于具体的设计中，提高设计能力，增强作品视觉效果。

 项目目标

1. 知识目标

① 熟练掌握文字工具使用的方法和操作技巧。

② 熟练掌握设置"钢笔工具""路径选择工具""形状工具"等工具的方法和操作技巧。

2. 能力目标

① 具备使用路径相关工具的能力。

② 具备合理利用路径等工具进行创意与制作的能力。

任务 1　"家和万事兴"文字设计

 学习情境描述

中国书法是一门古老的汉字书写艺术，从甲骨文、金文（钟鼎文）演变而为大篆、小篆、隶书，到东汉、魏、晋的草书、楷书、行书等，汉字书法被誉为"无言的诗，无行的舞；无图的画，无声的乐"。本次任务主要进行文字设计，如图 3-1-1 所示。

图 3-1-1　"家和万事兴"文字设计效果图

操作步骤指引

1. 新建文件

选择"文件→新建"命令，新建一个宽度为1200像素，高度为650像素，分辨率为72像素/英寸的文件，命名为"家和万事兴文字设计"。

2. 文字编辑

① 在工具箱中选择横排文字工具，在属性栏中设置字体为"华文行楷"，字体大小为240点，设置字体色彩为黑色，分别打出"家""和""万事兴"，如图3-1-2所示。

图3-1-2　文本设置

② 通过修改文字大小，增强视觉效果。双击"和"的文字图层，在属性栏中找到文字大小图标，当鼠标变换为设置文字大小时，向右移动，将字号增大为390点。使用相同的操作将"万事兴"的字号修改为155点，如图3-1-3所示。

图3-1-3　修改文字大小

③ 选择工具箱中的移动工具，在属性栏勾选"自动选择"，在下拉列表中选择"图层"，如图3-1-4所示。

图3-1-4　移动工具设置

④ 调整文字的位置，使其达到最佳视觉效果，如图 3-1-5 所示。

图 3-1-5　调整文字位置

任务 2　"和"的意境

 学习情境描述

借景是古典园林建筑中常用的构景手段之一，是在视力所及的范围内，将好的景色组织到园林视线中的手法。岳阳楼近借洞庭湖水，远借君山之景，构成气象万千的山水画面。平面设计中使用"借景"的设计手法，亦能起到异曲同工之妙。本次任务继续进行文字设计，并把借景手法运用到文字设计中，如图 3-2-1 所示。

图 3-2-1　运用借景手法的"家和万事兴"文字设计效果图

操作步骤指引

1. 导入素材

选择"文件→打开"命令，找到"家和万事兴"文件夹，选择素材 1。

2. 钢笔工具抠图

① 在工具箱中选择"钢笔工具"，在属性栏工具模式下拉列表中选择"路径"，设置中选择"橡皮带"，如图 3-2-2 所示。

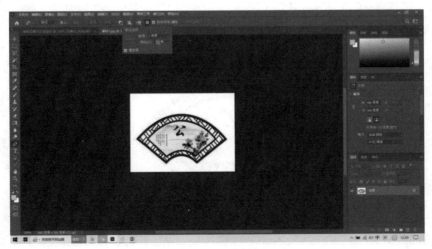

图 3-2-2　设置路径模式

② 在扇形效果外轮廓交点处开始点击第一个锚点,顺时针找到扇形外轮廓的第二个交点,按下鼠标左键后不要松开,向右移动鼠标,调节路径的曲度与扇形外轮廓曲度吻合后即可松开鼠标左键,这样就确定了第二个锚点。之后,按下【Alt】键并用鼠标左键点击第二个锚点,把第二个锚点右边的调节杆去掉。按照上述操作依次确定第三个锚点、第四个锚点,最后回到第一个锚点处点击,最终绘制成一个闭合的路径,如图 3-2-3 所示。

图 3-2-3　钢笔工具绘制外部路径

③ 按照以上绘制锚点的方法,确定锚点 5、锚点 6、锚点 7、锚点 8,如图 3-2-4 所示。

图 3-2-4　钢笔工具绘制内部路径

④ 路径绘制完毕后,如果不满意,可以用钢笔工具组里的"添加锚点工具""删除锚点工具""转换点工具"进行修改,也可以运用工具箱中的路径选择工具选择需要的路径,运用直接选择工具选择锚点进行修改。

⑤ 在钢笔工具属性栏中找到"路径操作"下拉列表,选择"排除重叠形状"选项,如图 3-2-5 所示。

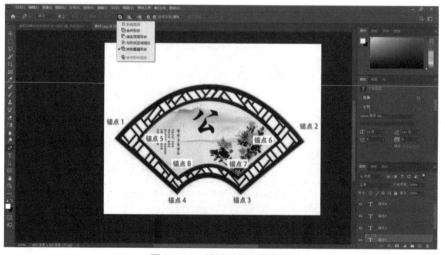

图 3-2-5　排除重叠形状设置

⑥在工具箱中找到"路径选择工具"，并框选扇形路径，回到"钢笔工具"，在钢笔工具属性栏里点击"建立选区"，如图 3-2-6 和图 3-2-7 所示。

图 3-2-6　路径选择工具　　　　　　　　　　　　　　图 3-2-7　路径转换为选区

⑦ 使用快捷键【Ctrl+J】（复制选区到新的图层）将扇形形状抠取出来。

3. 图形替换

① 在工具箱中选择"移动工具"，将素材 1 里抠取出来的图形拖曳至"家和万事兴文字设计"文件里备用，如图 3-2-8 所示。

图 3-2-8　拖曳素材

② 在图层面板选中"和"字图层，点击鼠标右键选择"栅格化文字"选项，在工具箱中找到"橡皮擦工具"，在属性栏里选择"硬边圆"画笔，调整画笔大小，将"和"字的"口"擦除掉（注意"禾"与"口"交接的地方可以适当调小画笔再擦除），如图 3-2-9 所示。

图 3-2-9　使用橡皮擦工具 1

③ 在工具箱中找到"移动工具"并选中扇形所在图层，将扇形移动到"禾"字的旁边，组成"和"字，增加视觉效果，如图 3-2-10 所示。

图 3-2-10　图字组合

④ 选择"文件→打开"命令，找到"家和万事兴"素材文件夹，选择素材 2，运用移动工具将素材 2 拖曳到"家和万事兴文字设计"文件中，调整图层面板中的图层顺序，使素材 2 的荷花图位于扇形的下方，使用快捷键【Ctrl+T】调整荷花的大小、位置，调整完成后点击【Enter】键，结束操作，如图 3-2-11 所示。

⑤ 复制一层荷花图层，继续使用快捷键【Ctrl+T】，点击鼠标右键选择"水平翻转"，并调整大小，如图 3-2-12 所示。

图 3-2-11　自由变换命令 1

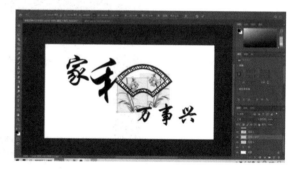

图 3-2-12　自由变换命令 2

⑥ 选择"图像→调整→色阶"命令，将两张荷花图背景调为白色，并注意荷花色彩效果不失真，如图 3-2-13 所示。

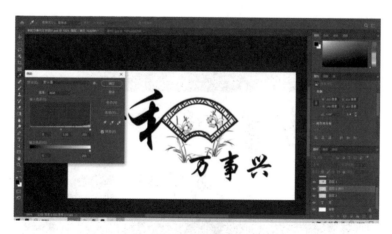

图 3-2-13　调整色阶

⑦ 在工具箱中找到"橡皮擦工具"，在属性栏里选择"硬边圆"画笔，调整画笔大小，将两张荷花图多余的地方擦除，如图 3-2-14 所示。

图 3-2-14　使用橡皮擦工具 2

4. 描边路径

① 使用"钢笔工具"为扇形效果外轮廓绘制路径，如图 3-2-15 所示。

图 3-2-15　绘制路径

② 在图层面板中新建图层，并使图层位于顶层，在工具箱中找到画笔工具，选择笔型为"传统漫画家"，设置画笔大小为 35 像素，在路径面板中选择"工作路径"，点击鼠标右键选择"描边路径"，选择工具为"画笔"，如图 3-2-16 和图 3-2-17 所示。

图 3-2-16　描边路径 1

图 3-2-17　描边路径 2

③ 在工具箱中选择"横排文字工具"，属性栏中设置字体为"华文行楷"，字号大小为 155 点，色彩为"#ef1111"，如图 3-2-18 所示。

图 3-2-18　文本编辑

④ 在工具箱中找到"画笔工具"，选择笔型为"传统漫画家"，设置画笔大小为 70 像素，色彩为"#ef1111"，绘制图章效果，如图 3-2-19 所示。

图 3-2-19　画笔工具

⑤ 在工具箱中选择"直排文字工具"，在属性栏中设置字体为"华文行楷"，字号大小为 45 点，色彩为白色，如图 3-2-20 所示。

图 3-2-20　直排文字工具

5. 文字设计应用于墙画

① 选择"文件→打开"命令，找到"家和万事兴"素材文件夹，选择素材 3，将素材 3 拖曳至"家和万事兴文字设计"文件，如图 3-2-20 所示。

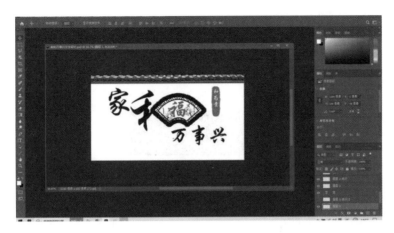

图 3-2-21　添加青瓦

② 选择"文件→打开"命令，找到"家和万事兴"素材文件夹，选择素材 4，将素材 4 拖曳至"家和万事兴文字设计"文件，如图 3-2-22 所示。

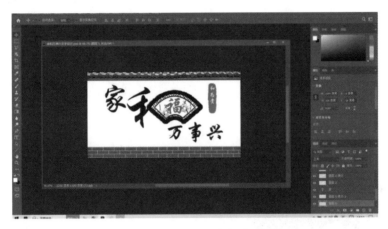

图 3-2-22　添加灰砖

③ 选择"文件→存储副本"命令，修改保存类型为 JPEG，完成制作。

6. 文字设计应用于挂画

① 隐藏青瓦和灰砖图层，在工具箱中找到矩形工具，在属性栏中设置矩形工具属性，选择工具模式为"形状"，"填充"为白色，设置描边颜色为"#e5d57b"，"粗细"为 60 像素，将矩形图层移动到最底层，如图 3-2-23 和图 3-2-24 所示。

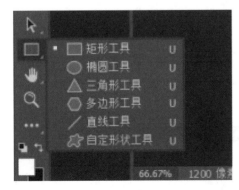

图 3-2-23　矩形工具

图 3-2-24　添加边框

② 选择"文件→存储副本"命令，修改保存类型为 JPEG，完成制作。

岗位技能储备——文字设计的技能要点

1. 文字工具组

文字工具组如图 3-2-25 所示。

图 3-2-25　文字工具组

① 文字工具组快捷键为【T】。

② 文字工具属性栏如图 3-2-26 所示。

图 3-2-26　文字工具属性栏

③ 文字工具字符面板如图 3-2-27 所示。

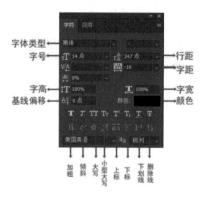

图 3-2-27　文字工具字符面板

图 3-2-28　钢笔工具组

2. 钢笔工具组

① 钢笔工具组快捷键为【P】。

② 钢笔工具组包括钢笔工具、自由钢笔工具、弯度钢笔工具、添加锚点工具、删除锚点工具、转换点工具，用于抠图，绘制各类形状，修改形状、文字，如图 3-2-28 所示。

③ 钢笔工具属性栏如图 3-2-29、图 3-2-30 所示。

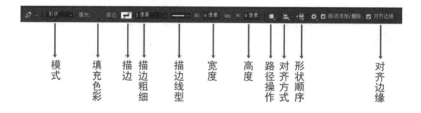

图 3-2-29　钢笔工具属性栏（形状）

图 3-2-30 钢笔工具属性栏（路径）

3. 路径选择工具组

路径选择工具组包括"路径选择工具" 路径选择工具 A 和"直接选择工具" 直接选择工具 A 。这两个工具主要用来选择和调整路径的形状，修改路径及形状属性。

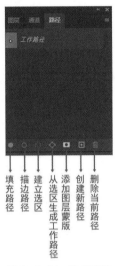

图 3-2-31 路径面板

4. 路径面板

路径面板如图 3-2-31 所示。

使用描边路径的操作步骤：确定画笔样式及大小，回到路径面板，找到工作路径，点击下面的描边路径即可。

5. 形状工具组

① 形状工具组快捷键为【U】。

② 形状工具属性栏如图 3-2-32 所示。

图 3-2-32 形状工具属性栏

岗位知识储备——文
字设计的基本常识

中华传统文化——家风

家风又称门风，是指作为伦理亲缘共同体的家庭（家族）成员在长期的家庭生活中逐渐形成并传延下去的价值观念、生活作风、生活方式、行为规范、生活习惯及道德伦理品格等的总和。家风强调的是代际传承，因此，家风是一个家庭或者一个家族呈现出来的整体风貌和思想境界。

➡ 知识树

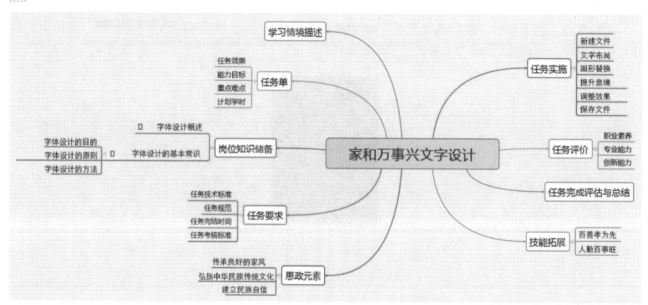

➡ 习题

1. 如果想把点文本转换成段落文本，可以在菜单栏中执行（　　）命令。

　　A. 文本→转换为段落文本　　　　　　B. 图层→转换字体

　　C. 文字→转换为段落文本　　　　　　D. 文字→文字排列方式

2. 以下可以编辑路径的工具有（　　）。

　　A. 钢笔工具　　　　　　　　　　　　B. 直接选择工具

　　C. 磁性钢笔工具　　　　　　　　　　D. 铅笔工具

➡ 课堂笔记

项目四 VI 设计

VI 的全称是 visual identity，即视觉识别，是企业形象设计的重要组成部分。一个企业的 VI 标志形象直接关系着人们对企业形象的认知度，是一个企业成功的重要组成部分，因此，设计一个好的 VI 标志，可以加深人们对企业文化内涵的了解及对企业品牌视觉沟通形象的认同。

- ●任务1　　企业名片设计
- ●任务2　　企业宣传册封面设计

岗位能力

熟悉 VI 图形设计知识，能够进行企业名片、宣传页等设计，在工作中能够进行企业 VI 设计。

项目目标

1. 知识目标
① 掌握图层的类型及特点。
② 掌握图层的基本操作。
③ 会用形状组相关工具。

2. 能力目标
① 能灵活运用图层来进行图像的合成。
② 会使用形状工具组的工具绘制形状。

3. 素养目标
① 助力乡村振兴，培养工匠精神。
② 提升审美及创意能力、增强团队意识。

任务 1　企业名片设计

学习情境描述

名片设计是指对名片进行艺术化、个性化处理、加工的行为。企业名片是指企业对外展示的 logo 卡片。名片的基本信息大致包括企业名称、地址、联系人、联系方式、网址、邮箱等。名片作为企业对外展示的形象，在设计上要讲究艺术性。但名片同艺术作品有明显的区别，它不像艺术作品那样具有很高的审美价值，而是主要用于传达企业信息及展示企业形象。名片设计效果如图 4-1-1 所示。

图 4-1-1　名片设计效果图

 操作步骤指引

1. 新建文档

选择"文件→新建"命令，新建一个文件，文件名为"名片"，宽度为 94 毫米，高度为 58 毫米，分辨率为 300 像素 / 英寸，颜色模式为 RGB 颜色，背景内容为白色，单击"创建"按钮。

2. 制作名片正面

① 单击工具箱中的"矩形工具"，在"矩形工具"属性栏中选择模式为"形状"，"填充"为绿色，无描边效果，在下方拖动绘制矩形，如图 4-1-2 所示。选择"添加锚点工具"在矩形上方中间位置单击添加锚点，选择"直接选择工具"拖动方向线，调整后的效果如图 4-1-3 所示。

图 4-1-2　绘制矩形　　　　　　　　　　　　图 4-1-3　调整矩形

② 选择工具箱中的"自定形状工具"，在属性栏选择模式为"形状"，在"形状"列表中选择"小船"形状：🚤，在左上角拖动绘制小船。再选择"横排文字工具"在小船下方输入"LYNY"，制作农产品标志。在农产品标志右边输入公司名称"绿源农业生态有限公司"，效果如图 4-1-4 所示。

图 4-1-4　制作标志　　　　　　　　　　　　图 4-1-5　添加图标

③打开素材"图标 .jpg"，选择"矩形选框工具"，选择"地址"标志将其移至新文件中，按【Ctrl+T】键调整大小和位置并修改图层名称为"地址"。用同样的方法将"电话""网址""邮箱"标志移到新文件中并修改图层名称为"电话""网址""邮箱"。按住【Shift】键单击选择 4 个图层，执行菜单命令"图层→对齐→左边"和"图层→分布→垂直居中"，进行对齐和分布。选择"横排文字工具"分别在图标后面输入相应文字，效果如图 4-1-5 所示。

④打开素材"二维码.jpg"，将其移动到新文件中，按【Ctrl+T】键调整大小和位置。选择"横排文字工具"，设置字体、大小，输入"经理：张丰收"，效果如图 4-1-6 所示。

图 4-1-6　名片正面效果

⑤建立新图层组"名片正面"，将上述图层移动到该图层组。

3. 名片反面设计

① 复制"名片正面"图层组并改名为"名片反面"，删除除标志及名称之外的元素，并调整公司图标及名称的位置。

② 打开素材图像"蔬菜.jpg"，将其复制到主窗口中，在"图层"面板中将新增图层命名为"蔬菜"。选择"多边形工具"，在其属性栏设置模式为"路径"，"边数"为 6，"圆角半径"为 0，"星形比例" 星形比例: 100% 设置为 100 %，参数设置情况如图 4-1-7 所示。在图层"蔬菜"位置拖动绘制六边形路径，单击属性栏的"选区" 选区... 按钮，将六边形路径转换为选区，按【Ctrl+Shift+I】键反选，按【Delete】键删除图像的其他区域。

图 4-1-7　多边形工具属性栏

③单击"图层"面板底部的 fx ，在弹出的菜单中选择"描边"，打开"图层样式"对话框，设置参数如图 4-1-8 所示。选择"投影"，设置相关参数。添加样式后的效果如图 4-1-9 所示。

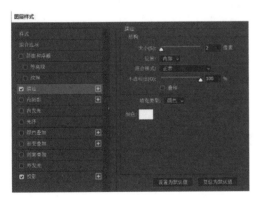

图 4-1-8　"图层样式"对话框

图 4-1-9　六边形选区内显示图像

④打开素材图像"水果""生禽"，将其移至新文件中生成新图层并改名为"水果""生禽"。重复上面第②步制作同样的效果。选择"蔬菜"图层，在弹出的菜单中选择"拷贝图层样式"，分别选择"水果""生禽"图层右击，在弹出的菜单中选择"粘贴图层样式"。选择"直线工具"，绘制直线，并移至"蔬菜""水果""生禽"三个图层的下方，此时效果如图 4-1-10 所示。

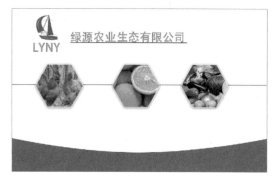

图 4-1-10　名片反面效果

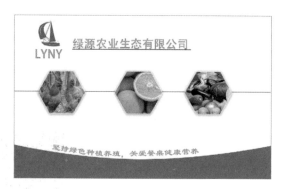

图 4-1-11　最终效果

⑤选择"钢笔工具"，属性栏的模式选择"路径" 路径 ，在下方沿圆弧绘制曲线路径。选择"横排文字工具"，设置字体为"隶书"，大小为 9 点，颜色为"#e1a004"，在路径上单击输入文字"坚持绿色种植养殖，关爱餐桌健康营养"，最终名片反面完成效果如图 4-1-11 所示。

 岗位技能储备——名片设计的技能要点

1. 图层

（1）创建普通图层

普通图层是组成图像的基本图层，图像的所有操作在普通图层上几乎都可以进行。新建的普通图层是完全透明的，可以显示下一层的内容。

新建普通图层的方法如下。

① 执行菜单命令"图层→新建→图层"。

② 单击"图层"面板底部的"创建新图层" 按钮，将在当前图层的上方按照默认设置创建一个新图层。

（2）创建文字图层

选择工具箱中的"横排文字工具"或"直排文字工具"，单击输入文字后将自动创建文字图层。当对输入的文字进行变形操作后，文字图层将显示为变形文本图层。

文字图层可以进行移动、堆叠、复制等操作，但无法使用画笔、橡皮擦等工具进行编辑。需要将其转换为普通图层后才可以编辑，转换方法为执行"图层→栅格化→文字"或"文字→栅格化文字图层"命令。

（3）创建形状图层

选择"形状工具"绘制形状时自动建立的矢量图层。执行"图层→栅格化→形状"命令，可将其转换为普通图层。

（4）创建填充图层或调整图层

填充图层是一种使用纯色、渐变色或图案来填充的图层。通过使用不同的混合模式和不透明度，可以实现特殊效果。填充图层作为一个单独的图层，可随时删除或修改，而不影响图像本身的像素。

调整图层是一种只包含色彩和色调信息、不包含任何图像的图层，通过编辑调整图层，可以任意调整图像的色彩和色调，而不改变原始图像。

单击"图层"面板底部的"创建新的填充或调整图层" 按钮，从弹出的菜单中选择相应的命令，可以创建填充图层或调整图层。

（5）图层的对齐与分布

按【Ctrl】键或按【Shift】键选取多个不连续的或连续的图层后可进行移动、变换、对齐、分布等操作。

① 图层的对齐：选择 2 个或 2 个以上的图层，选择菜单"图层→对齐"子菜单中的命令，如图 4-1-12 所示，可让选中的图层按某种方式对齐。

② 图层的分布：选择 2 个或 2 个以上的图层，选择菜单"图层→分布"子菜单中的命令，如图 4-1-13 所示，可选中的图层按某种方式间隔均匀地分布。

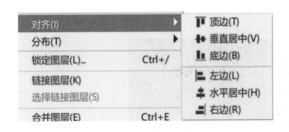

图 4-1-12　"对齐"子菜单　　　　　　　　　　　　　图 4-1-13　"分布"子菜单

（6）将选区转换为图层

为图像中某一区域创建选区后，选择菜单"图层→新建→通过拷贝的图层"命令或按组合键【Ctrl+J】，可以将选区内的图像复制生成一个新图层，如图 4-1-14 所示。若图像中没有选区，将复制当前图层。

为图像中某一区域创建选区后，选择菜单"图层→新建→通过剪切的图层"命令或按组合键【Ctrl+Shift+J】，可将选区内的图像剪切生成一个新图层，如图 4-1-15 所示。

图 4-1-14　通过拷贝的图层　　　　　　　　　　　　图 4-1-15　通过剪切的图层

（7）背景图层与普通图层之间的转换

背景图层是以"背景"命名的作为图像背景的特殊图层。背景图层始终位于图像的最底层且不透明。不能对背景图层进行缩放、移动、添加图层样式、设置混合模式等操作，也不能更改背景图层的堆叠顺序等。背景图层与普通图层可以相互转换。

① 背景图层转换为普通图层。

选中背景图层，选择菜单"图层→新建→背景图层"命令或直接双击"图层"面板中的背景图层，弹出"新建图层"对话框，设置后单击"确定"按钮，可以将背景图层转换为普通图层。

② 普通图层转换为背景图层。

当图像中没有背景图层时，选中要转换为背景图层的普通图层，执行菜单"图层→新建→图层背景"命令，可将普通图层转换为背景图层，该图层自动移至底层，并且图层中透明区域被当前背景色填充。

2. 图层样式

图层样式可制作出各种立体投影、各种质感以及光影效果的图像特效。它有如下优点。

① 应用的图层效果与图层紧密结合，即如果移动或变换图层对象文本或形状，图层效果就会自动随着图层对象文本或形状移动或变换。

② 图层效果可以应用于标准图层、形状图层和文本图层。

③ 可以为一个图层应用多种效果。

④ 可以从一个图层复制效果，然后粘贴到另一个图层。

单击"图层"面板底部的"添加图层样式" _fx_ 按钮，选择一种样式可打开"图层样式"对话框，设置相关参数，如图 4-1-16 所示。

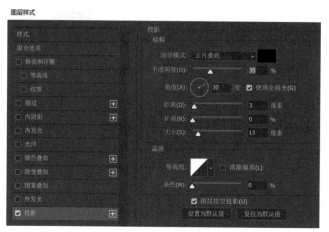

图 4-1-16 "图层样式"对话框

Photoshop 提供了 10 种不同的图层样式。

① 投影：将为图层上的对象、文本或形状后面添加阴影效果。投影参数由"混合模式""不透明度""角度""距离""扩展"和"大小"等各种选项组成，通过对这些选项的设置可以得到需要的效果。

② 内阴影：将在对象、文本或形状的内边缘添加阴影，让图层产生一种凹陷外观。内阴影效果对文本对象效果更佳。

③ 外发光：将从图层对象、文本或形状的边缘向外添加发光效果。设置该参数可以让对象、文本或形状更精美。

④内发光：将从图层对象、文本或形状的边缘向内添加发光效果。

⑤ 斜面和浮雕：通过选择"样式"下拉菜单中的参数可为图层添加高亮显示和阴影的各种组合效果。

"斜面和浮雕"对话框样式参数作用如下。

a. 外斜面：沿对象、文本或形状的外边缘创建三维斜面。

b. 内斜面：沿对象、文本或形状的内边缘创建三维斜面。

c. 浮雕效果：创建外斜面和内斜面的组合效果。

d. 枕状浮雕：创建内斜面的反相效果，其中对象、文本或形状看起来下沉。

e. 描边浮雕：只适用于描边对象，即在应用描边浮雕效果时才打开描边效果。

⑥ 光泽：将对图层对象内部应用阴影，与对象的形状互相作用，通常创建规则波浪形状，产生光滑的磨光及金属效果。

⑦ 颜色叠加：将在图层对象上叠加一种颜色，即用一层纯色填充到该图层的对象上。从"设置叠加颜色"选项可以通过"选取叠加颜色"对话框选择任意颜色。

⑧ 渐变叠加：将在图层对象上叠加一种渐变颜色，用渐变颜色填充到应用样式的对象上。

⑨ 图案叠加：将在图层对象上叠加图案，即用一致的重复图案填充对象。从"图案拾色器"还可以选择其他的图案。

⑩ 描边：使用颜色、渐变颜色或图案描绘当前图层上的对象、文本或形状的轮廓，对于边缘清晰的形状（如文本）尤其有用。

岗位知识储备——名片
设计的基本常识

助力乡村振兴——推广农产品销售

随着乡村振兴战略的持续推进，乡村农产品品牌形象建设的内涵也越来越丰富，农民的品牌意识越来越强，在国家政策的积极引导和地方的积极参与下，我国乡村农产品品牌形象建设已经取得了阶段性的成绩。在农产品品牌推广过程中，可以积极借助媒体的信息传播优势，加大农产品品牌宣传推广力度，提升区域农产品品牌社会影响力，提振乡村农产品经济发展。可以通过设计农产品销售的名片来推广农产品销售，助力乡村振兴。

任务 2　企业宣传册封面设计

 学习情境描述

企业为了更好地让客户了解自己的产品，都会设计宣传手册来进行宣传。对于企业来说，宣传册是一个必不可少的对外展示形式。企业宣传册一般以纸质材料为直接载体，以企业文化、企业产品为传播内容，是企业对外最直接、最形象、最有效的宣传形式。而一个好的宣传册，会有一个非常突出的封面设计，以此作为展示自己的前提。本次任务就是为农产品销售公司设计一张封面，如图 4-2-1 所示。

图 4-2-1　封面设计效果

 操作步骤指引

1. 新建文档

选择"文件→新建"命令，新建一个文件，文件名为"封面"，宽度为 42 厘米，高度为 29.7 厘米，分辨率为 300 像素 / 英寸，颜色模式为 RGB 颜色，背景内容为白色，单击"创建"按钮，如图 4-2-2 所示。

2. 制作封面

① 单击工具箱中的"椭圆工具"，在"椭圆工具"属性栏中选择模式为"形状"，"填充"设置为无，"描边"设置为"#e1a004"，"粗细"为 3 像素，拖动绘制圆形，使其部分显示在画布区域，如图 4-2-3 所示。

② 选择工具箱中的"椭圆工具"，在属性栏选择模式为"形状"，"填充"设置为橙色，"描边"设置为无，在下方拖动绘制橙色半圆。效果如图 4-2-4 所示。用同样的方法绘制其他两个半圆图形，颜色分别为橙色（#eb6100）和红色（#a30e03），并调整中间半圆的不透明度为 30 %。效果如图 4-2-5 所示。

图 4-2-2 "新建文档"对话框

图 4-2-3 绘制圆弧效果

图 4-2-4 绘制下方半圆

图 4-2-5 绘制下方其他半圆

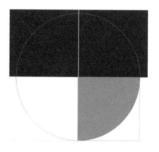

图 4-2-6 绘制四分之一圆

③选择工具箱中的"椭圆工具",在属性栏选择模式为"形状","填充"设置为橙色,"描边"设置为无,设置参数为"从中心",在上边缘中心拖动绘制半径为 9 厘米的橙色圆。选择工具箱中的"矩形工具",选择模式为"形状","填充"设置为橙色,"描边"设置为无填充,路径操作模式为"与形状区域相交" ⬛,拖动绘制得到四分之一圆的效果如图 4-2-6 所示。

④选择工具箱中的"椭圆工具",在属性栏选择模式为"形状","填充"设置为蓝色,"描边"设置为无填充,设置参数为"从中心",在上边缘中心拖动绘制半径为 19 厘米的蓝色圆。设置路径操作模式为"减去顶层形状" ⬛,在同一位置拖动绘制,得到圆环。选择"矩形工具",选择模式为"形状","填充"设置为橙色,"描边"设置为无,路径操作模式为"与形状区域相交" ⬛,拖动绘制得到四分之一圆环的效果如图 4-2-7 所示。

图 4-2-7 圆环效果

图 4-2-8 图层面板

⑤选择工具箱中的"直线工具",颜色设置为白色,"粗细"设置为 5 像素,在圆环的适当位置拖动绘制两条直线段将圆环 3 等分,生成直线 1、直线 2 图层。按【Ctrl】键单击圆环图层、直线 1、直线 2 图层,按【Ctrl+Alt+E】键合并拷贝到新图层。图层面板如图 4-2-8 所示,效果如图 4-2-9 所示。

图 4-2-9　绘制直线　　　　　　　　　图 4-2-10　建立选区

⑥打开素材图像"蔬菜.jpg"，将其复制到主窗口中，在"图层"面板中将新增图层命名为"蔬菜"。隐藏"蔬菜"图层，选择魔棒工具，在第一个圆环区域单击选中，如图 4-2-10 所示。显示并选中"蔬菜"图层，按【Ctrl+Shift+I】反选，按【Delete】键删除其余部分，让图像在圆环区域内显示，效果如图 4-2-11 所示。

⑦打开素材图像"水果""生禽"，重复第⑤步操作，实现图 4-2-12 所示的效果。

图 4-2-11　图像在圆环区域显示　　　　　图 4-2-12　图像效果

⑧在"形状"列表中选择"小船" 形状:，在封底上拖动绘制小船。再选择"横排文字工具"在小船下方输入"LYNY"，制作农产品标志，颜色设置为橙色。复制标志到封面左上角，并调整颜色为白色。选择"横排文字工具"在封底左下角输入企业地址、邮箱、电话、网址信息，在封面右方输入企业名称、企业理念等文字。最终效果如图 4-2-13 所示。

图 4-2-13　最终效果

 岗位技能储备——宣传册封面设计的技能要点

形状工具组可以创建出多种矢量形状，所包含的工具如图 4-2-14 所示。可以使用的绘图模式有三种：形状、路径和像素。

使用"矩形工具""三角形工具"或"椭圆工具"时选择"形状"或"路径"模式，在属性栏设置后可在画布窗口中拖动鼠标，依据鼠标的拖动和设置得到相应的形状。绘制形状后，在"属性"面板调整形状的高度、宽度、位置等属性，如图 4-2-15 所示。

图 4-2-14　形状工具组　　　　　　图 4-2-15　"属性"面板

1. "矩形工具" ■

"矩形工具"可以绘制正方形和矩形：按住【Shift】键可以绘制正方形，按住【Alt】键以落点为中心绘制矩形。其选项栏如图 4-2-16 所示，单击属性栏的 ⚙ 按钮，打开"矩形工具"的属性面板。

图 4-2-16　"矩形工具"属性栏及属性面板

"不受约束"：根据鼠标拖动轨迹决定矩形的大小，是默认选项。

"方形"：选中此项，绘制正方形。

"固定大小"：通过设置矩形的宽、高尺寸，绘制指定大小的矩形。

"比例"：用于绘制长宽比一定的矩形。

"从中心"：选中此选项时，将以单击点为中心绘制矩形。

若要使用"矩形工具"绘制具有圆角的矩形，可在设置面板中设置圆角半径 ⌒ 0像素 后再绘制。

2. "椭圆工具" ●

"椭圆工具"用于绘制椭圆或圆形，单击属性栏的 ⚙ 按钮，打开"椭圆工具"的属性面板，如图 4-2-17 所示，各参数功能与"矩形工具"相似。

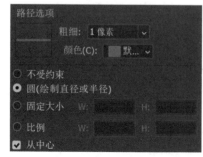　　　　　　　　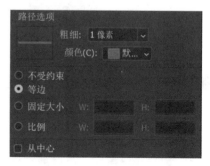

图 4-2-17　"椭圆工具"属性面板　　　　图 4-2-18　"三角形工具"属性面板

3. "三角形工具" △

使用"三角形工具"可以创建三角形。单击属性栏的 ⚙ 按钮，打开"多边形工具"的属性面板，如图 4-2-18 所示。

4. "多边形工具" ⬡

使用"多边形工具"可以创建正多边形（最少边数为 3 ）和星形，单击属性栏的 ⚙ 按钮，打开"多边形工具"的属性面板，如图 4-2-19 所示。

图 4-2-19　"多边形工具"属性面板

"半径"：指定多边形中心与各顶点之间的距离。

"圆角半径" ⌐ 0 像素 ：用来设置圆角的半径。

"星形比例"：设置用来绘制星形，值为 100 % 时为多边形，小于 100 % 为星形。

"平滑星形缩进" ☐ 平滑星形缩进 ：用来控制星形多边形的各边是否平滑凹陷，当星形比例小于 100 % 时起作用。

5. "直线工具" ／

使用"直线工具"可以创建直线和带有箭头的形状或路径。单击选项栏的 ⚙ 按钮，其属性栏与属性面板如图 4-2-20 所示。

图 4-2-20　"直线工具"属性栏及属性面板

"粗细"：设置直线或箭头线的粗细，单位为像素。

"起点"：勾选在直线的起点加箭头。

"终点"：勾选在直线的终点加箭头。

"宽度"：设置箭头的宽度，单位为像素。

"长度"：设置箭头的长度，单位为像素。

"凹度"：设置箭头的凹凸程度。

6. "自定形状工具"

使用"自定形状工具"可以绘制各种形状,可以从  下拉列表选择一个形状,拖动鼠标进行绘制。

岗位知识储备——宣
传画册封面设计

助力乡村振兴——推广农产品销售

"乡村振兴"是国家实现精准扶贫、全面建成小康社会和社会主义强国的首要任务,具有深远的历史意义。我们应当响应时代的召唤,运用自身的满腹学识,循序渐进地让乡村变得兴、富、强,使亿万基层农民的生活水平得到提高,拥有更多实实在在的获得感、幸福感、安全感。乡村振兴需要我们在实现乡村振兴之梦的道路上脚踏实地,矢志不渝地稳步前行,尽己之力,振兴乡村。

技能拓展

➡ 技能拓展

根据工作页要求,为自己的家乡拍摄几张照片,并利用拍摄的照片来为自己的家乡设计一张名片。

➡ 知识树

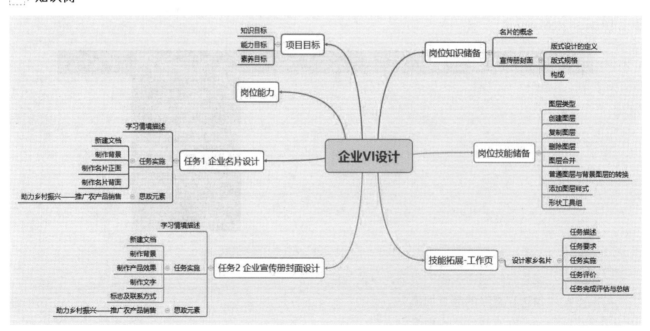

➡ 习题

1. 在 Photoshop 中,以下说法正确的是(　　)。

　　A. 向下合并能将上层的图像合并到背景图层

　　B. 合并可见图层能将所有图层合并成一个背景图层

　　C. 拼合图像能将所有可见图层合并成一个背景图层

　　D. 合并可见图层能将所有可见图层合并成一个背景图层

2. 在 Photoshop 中，下列对背景层描述正确的是（　　）。

　　A. 背景图层不能转换为其他类型的图层

　　B. 可以为背景图层添加图层蒙版

　　C. 在图层面板上背景图层是不能上下移动的，只能是最下面的一层

　　D. 背景图层不可以执行滤镜效果

3. 要选择几个相邻的图层，在选择图层时需借助（　　）。

　　A.Ctrl　　　　　　　　　B.Shift　　　　　　　　C.Alt　　　　　　　　　　D.Ctrl+Shift

4. 要打开图层面板，可使用的快捷键是（　　）。

　　A.F5　　　　　　　　　　B.F6　　　　　　　　　　C.F7　　　　　　　　　　D.F9

5. 关于背景图层在图层面板中的说法不正确的是（　　）。

　　A. 不能填充前景色　　　　　　　　　　B. 堆叠次序无法调换

　　C. 总是不透明　　　　　　　　　　　　D. 可以隐藏

➡ **课堂笔记**

　　海报独特的宣传魅力从古代就被发掘出来，直到网络等新媒体盛行的今天，海报在平面设计中的地位仍然无法被取代。海报是一种信息传递的艺术，是一种大众化的宣传工具。海报通常含有通识性，所以其主题应该明确显眼，一目了然，海报的插图、布局的美观性通常是吸引眼球的很好方法。

　●任务1　　　公益海报设计——致敬英雄
　●任务2　　　文化海报设计——茶道

 岗位能力

　　熟悉海报设计知识，能够进行海报设计，在工作中能够制作出与主题相匹配的海报。

 项目目标

　1. 知识目标
　① 理解蒙版的概念及分类。
　② 掌握图层蒙版的使用方法。

　2. 能力目标
　① 掌握图层蒙版创建的方法。
　② 掌握图层蒙版删除、停用、启用的方法。
　③ 掌握结合其他工具编辑图层蒙版的技巧。
　④ 掌握剪贴蒙版的使用方法。

　3. 素养目标
　① 提升审美及创意能力，培养良好的职业素养。
　② 学习英雄事迹，弘扬英雄精神，提升自我思想高度。

任务1　公益海报设计——致敬英雄

 学习情境描述

　　据统计，国家每年都会发生重大火灾事故，当事故发生时，冲在最前线的是我们的消防战士，他们为了保障我们的安全，工作在最危险的环境中，每次重大火灾都会让消防战士面临牺牲的危险，他们是我们安居乐业生活的保卫者，是国民英雄。为了预防重大火灾事故的发生，同时致敬我们的消防英雄战士，让我们共同来设计致敬英雄公益海报，让更多的人加强安全意识。致敬英雄公益海报如图 5-1-1 所示。

图 5-1-1 公益海报设计——
致敬英雄海报设计效果图

操作步骤指引

1. 新建文档

选择"文件→新建"命令，新建一个文件，文件命名为"致敬英雄"，宽度为 2200 像素，高度为 3600 像素，分辨率为 150 像素 / 英寸，颜色模式为 RGB 颜色，背景内容为白色，单击"创建"按钮。然后执行文件菜单中的保存命令（快捷键【Ctrl+Shift+S】），文件命名为"致敬英雄 .psd"。

2. 制作海报背景

① 单击"图层"面板底部的"创建新图层"按钮，新建图层并命名为"背景图层"。

② 单击工具箱中的"前景色拾色器"，在"前景色拾色器"中，选择一种暗红色色彩，单击"确定"按钮，如图 5-1-2 所示。

③ 选择工具箱中的"油漆桶工具"，填充背景图层，如图 5-1-3 所示。

图 5-1-2 "前景色拾色器"对话框

图 5-1-3 背景图层效果图

图 5-1-4 背景合成效果图

④ 打开素材图片"纹理 .jpg"，将其复制到主窗口中，按【Ctrl+T】键调整至合适大小，在"图层"面板中将图层命名为"纹理"，设置"纹理"图层"混合模式"为"变暗"，背景合成效果如图 5-1-4 所示。

3. 制作海报内容部分

① 打开素材图片"星火 .jpg"，并使用"移动工具"将其移动到主窗口中，双击该图层，将图层重命名为"星火"，按【Ctrl+T】快捷键，调整大小、角度、位置。选择"星火"图层，设置图层"混合模式"为"变亮"，去除素材中的黑色背景，如图 5-1-5 所示。

② 打开素材图片"火焰 .png"，并使用"移动工具"将其移动到主窗口中，将该图层命名为"火焰"，按【Ctrl+T】快捷键，调整后的大小和位置如图 5-1-6 所示。选中"火焰"图层，单击"图层"面板中的"添加图层蒙版"按钮，为"火焰"层添加图层蒙版。在工具箱中选择"画笔工具"，在属性栏中选择"常规画笔→柔边缘"，调整"大小"为 350 像素，"流量"为 48 %，设置前景色为黑色，选中建立的蒙版，对火焰图片的边缘进行涂抹，效果如图 5-1-7 所示。

图 5-1-5 图层混合模式

图 5-1-6 调整素材图

③打开素材图片"消防.jpg"，并使用"移动工具"✛将其移动到主窗口中，将该图层命名为"消防"，按【Ctrl+T】组合键，调整大小和位置，使其位于火焰图层的下方。选中"消防"图层，单击"图层"面板中的"添加图层蒙版"按钮◻，为"消防"图层添加图层蒙版。在工具箱中选择"画笔工具"✎，在属性栏中选择"常规画笔→柔边缘"，调整"大小"为300像素，"流量"为45%，设置前景色为黑色，选中建立的蒙版，在消防员周围进行涂抹，使其融入火焰图片，效果如图5-1-8所示。

图5-1-7　添加蒙版后的效果　　　　图5-1-8　两图融合效果　　　　图5-1-9　文字位置

4. 文字设计

①选择文字工具中的"横排文字工具"▮T 横排文字工具　　T，设置字体为"华文行楷"，大小为250点，颜色为白色。在图像上方输入文字处单击鼠标左键，出现小的"I"图标，这就是输入文字的基线，输入主题文字"致敬"，用同样的方法输入文字"英雄"，文字位置如图5-1-9所示。

②选中"致敬"文字图层，右键单击"转换为形状"命令，把文字转换成形状，效果如图5-1-10所示。使用工具箱中的"直接选择工具"▮▸直接选择工具　　A，单击文字上的锚点移动鼠标，调整锚点的位置，选中锚点两侧的控制柄，调整曲线，如图5-1-11所示。

图5-1-10　文字转换成形状效果　　　　　　图5-1-11　文字调整效果

③选中"英雄"文字图层，右键单击"转换为形状"命令，把文字转换成形状。使用工具箱中的"直接选择工具"，单击文字上的锚点移动鼠标，调整锚点的位置，选中锚点两侧的控制柄，调整曲线走向，使用增加/删除锚点工具增加和删除不需要的锚点，调整文字效果如图5-1-12所示。

④选中"致敬"文字图层，给图层添加图层样式"斜面和浮雕"，方向选择"下"，大小选择5像素，参数设置如图5-1-13所示。选中致敬文字图层的图层样式，右键单击"拷贝图层样式"，再选择英雄文字图层，右键单击"粘贴图层样式"，给英雄文字图层添加同样的图层样式。

⑤添加小标题文字。选择"横排文字工具"，设置字体为"华文行楷"，大小为50点，颜色设置为白色，在星火两侧添加文字"守护一点星火 守护消防战士"，效果如图5-1-14所示。

图 5-1-12　文字调整效果

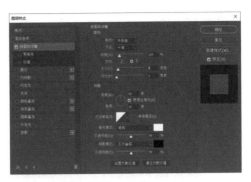

图 5-1-13　图层样式设置参数图

图 5-1-14　文字效果图

任务 2　文化海报设计——茶道

 学习情景描述

　　中国是茶树的故乡。茶，始于神农时代，与中华文化相伴已走过数千年的历史长河，源远流长的中国茶文化，糅合了儒、道、佛诸派思想，独成一体。茶传播到世界各地，不仅给人们带来了快乐，而且为茶文化增添了无限魅力。本次任务主要是设计茶文化海报，让更多的人了解中国茶文化，传承中国传统文化，如图 5-2-1 所示。

图 5-2-1　文化海报设计——茶道效果图

操作步骤指引

　　1. 新建文档

　　选择"文件→新建"命令，新建一个文件，文件命名为"茶道"，宽度为 1800 像素，高度为 600 像素，分辨率为 150 像素 / 英寸，颜色模式为 RGB 颜色，背景内容为白色，单击"创建"按钮。然后执行文件菜单中的保存命令（快捷键【Ctrl+Shift+S】），文件命名为"茶道 .psd"。

　　2. 制作海报

　　①打开素材图片"纹理 .jpg"，将其复制到主窗口中，按快捷键【Ctrl+T】调整至合适大小，在"图层"面板中将图层命名为"纹理"，如图 5-2-2 所示。

　　②打开素材图片"远山 .png"，将其复制到主窗口中，调整至画布合适位置，如图 5-2-3 所示，在"图

层"面板中将该图层命名为"远山"。

图 5-2-2　纹理效果图

图 5-2-3　远山位置图

③给远山上色。新建一个图层,命名为"涂色",设置前景色为青色,如图 5-2-4 所示,并用油漆桶工具填充图层。

图 5-2-4　前景色设置

④设置"涂色"图层"混合模式"为"柔光",整个背景呈现一种古香古色的青色调,效果如图 5-2-5 所示。

图 5-2-5　图层混合模式应用后的效果

⑤打开素材图片"梅花",并使用"移动工具" ✛ 将其移动到主窗口中,双击该图层,将图层重命名为"梅花",按【Ctrl+T】组合键调出自由变换控制框,按住【Shift】键的同时,拖动控制句柄,调整大小。把鼠标移到控制句柄外部,按下鼠标拖动旋转素材到合适的角度。

⑥打开素材图片"飞鹤",并使用"移动工具" ✛ 将其移动到主窗口中,双击该图层,将图层命名为"飞鹤 1",按下键盘上的【Alt】键,用鼠标拖动画面中的飞鹤,复制出第二只飞鹤,同时生成新的图层,将图层命名为"飞鹤 2",按【Ctrl+T】组合键,调整两只飞鹤的大小、角度、位置,效果如图 5-2-6 所示。

图 5-2-6　素材调整后的效果

⑦打开素材图片"墨迹"，并使用"移动工具" ✛ 将其移动到主窗口中，将该图层命名为"墨迹"，按【Ctrl+T】组合键，调整大小和位置。

⑧打开素材图片"茶具"，并使用"移动工具" ✛ 将其移动到主窗口中，双击该图层，将图层重命名为"茶具"，使用鼠标拖动"茶具"图层到"墨迹"图层下方松开鼠标。

⑨选中"茶具"图层，单击"图层"面板中的"添加图层蒙版"按钮 ▢，添加图层蒙版。在工具箱中选择"画笔工具" ✎，在属性栏中选择"常规画笔→柔边缘"，调整"大小"为50像素，"流量"为45%，设置前景色为黑色，选中建立的蒙版，在茶具和墨迹周围进行涂抹，使茶具在墨迹里显示，边缘融合，效果如图5-2-7所示。

图 5-2-7　图层蒙版添加效果

⑩打开素材图片"墨笔"，并使用"移动工具" ✛ 将其移动到主窗口中，将该图层命名为"墨笔"，按【Ctrl+T】组合键，调整大小和位置。选中该图层，单击"图层"面板上的"创建新的填充或调整图层"按钮 ◓，打开属性面板，选择色相饱和度，调整参数如图5-2-8所示。

⑪ 为了调整墨笔的色彩和背景色彩协调一致，把调整图层的色彩只应用到墨笔图层，为两个图层建立剪贴蒙版。选中调整图层，选择图层菜单中的"创建剪贴蒙版"命令（或按下键盘上的【Alt】键，单击两个图层的中间），效果如图5-2-9所示。

图 5-2-8　设置色相饱和度参数　　　　图 5-2-9　剪贴蒙版创建后的图层效果

3. 文字设计与制作

①选择文字工具中的"横排文字工具" ▪ T 横排文字工具　　　T ，设置字体为"方正青草简体"，字号大小为120点，颜色为黑色。分别输入两个字"茶""道"。打开一幅"茶园"素材图片，复制一层，分别拖动到文字上方，选中茶园图层，选择图层菜单中的"创建剪贴蒙版"命令（或按下快捷键【Alt+Ctrl+G】），为两个图层创建剪贴蒙版。移动文字位置，调整图片到合适的位置。文字效果如图5-2-10所示。

②打开"边框"素材图片，拖动到主窗口中，按【Ctrl+T】组合键，调整大小和位置至如图5-2-11所示。

③打开"墨点"素材图片，拖动到主窗口中，重命名该图层为"墨点"，选中图层，按【Ctrl+T】组合键，调整大小和位置在道字的右下方，选择"直排文字工具"，设置字体为"方正青草简体"，字号大小为16点，

颜色为白色，在墨点上方输入"文化"两字，如图 5-2-12 所示。

图 5-2-10　文字效果

图 5-2-11　边框调整效果

图 5-2-12　文字效果

④添加副标题文字，选择"横排文字工具"，设置字体为"张海山锐线体简"，大小为 18 点，颜色设置为黑色，如图 5-2-13 所示，分别输入文字"IF LIFE IS LIKE TES, SUFFERING BECOMES AN ACHIEVEMENT""如果人生如茶，煎熬就变成了一种成就"。

图 5-2-13　设置文字参数

⑤调整文字位置到大标题的下方，使用"椭圆工具"，"填充"设置为无，"描边宽度"设置为 1 像素，色彩为黑色，绘制一个圆形边框。将该圆形边框放到茶字上面，并复制两个圆形边框，分别放到"成""就"两个字的上方，最终效果如图 5-2-14 所示。

图 5-2-14　文字效果图

岗位技能储备—海报设计的技能要点

1. 蒙版的基本概念及分类

蒙版，就是控制图层局部区域显示与隐藏的工具。蒙版没有调整图像功能，它只是通过其他图像或调整命令来控制显示区域，同时，蒙版隐藏的区域就是显示该图层下面图层的内容，蒙版显示的区域就遮挡了下面图层的内容。

Photoshop 中提供了各种不同的蒙版，大致分为图层蒙版、剪贴蒙版、矢量蒙版、快速蒙版四类。

2. 图层蒙版的基本操作

图层蒙版可用于为当前图层增加屏蔽效果，可以通过改变图层蒙版不同区域的灰度，控制图像对应区域的显示或透明程度。图层蒙版中黑色区域部分可使图像对应区域被隐藏，显示下一层的图像。图层蒙版中白色区域部分可使图像对应区域显示。图层蒙版中灰色区域部分，则会使图像相对应的区域成为半透明状态。

（1）图层蒙版的创建

图层中没有选区时的创建方法：选择要添加图层蒙版的图层，单击"图层"面板底部的"添加图层蒙板"按钮或菜单"图层→图层蒙版→显示全部 / 隐藏全部"，即为图层添加了一个默认的图层蒙版。

图层中有选区时的创建方法：选择要添加图层蒙版的图层，单击"图层"面板底部的"添加图层蒙板"按钮或菜单"图层→图层蒙版→显示选区 / 隐藏选区"，即为图层添加了一个默认的图层蒙版，效果如图 5-2-15 所示。

图 5-2-15　创建图层蒙版时有无选区的区别

（2）图层蒙版的编辑

可以使用渐变工具和画笔工具修改图层蒙版，调整显示效果。

① 使用渐变工具修改蒙版：首先选择图层蒙版，从工具箱选择"渐变工具"，从属性栏中选择需要的渐变类型，打开渐变编辑器设置渐变色彩，在图像上拖动鼠标，绘制需要的渐变效果。

② 使用画笔工具修改蒙版：首先选择图层蒙版，从工具箱选择"画笔工具"，从属性栏中选择需要的笔刷，根据需要设置笔刷大小。在图像上进行涂抹，保留的部分使用白色涂抹，去除的部分使用黑色涂抹，若要出现边缘柔化效果，选择笔刷为柔边缘即可。

使用渐变工具和画笔工具修改图层蒙版的区别如图 5-2-16 所示。

图层蒙版编辑工具	图层面板	图像显示效果
渐变工具	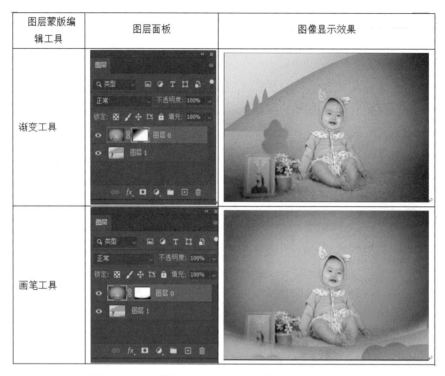	
画笔工具		

图 5-2-16　使用渐变工具和画笔工具修改图层蒙版的区别

（3）图层蒙版的删除和应用

① 删除图层蒙版。选择图层蒙版，右键单击"删除图层蒙版"，图层蒙版层被删除，蒙版效果也随之被删除。

② 应用图层蒙版。选择图层蒙版，右键单击"应用图层蒙版"，图层蒙版层被删除，蒙版效果保留，效果如图 5-2-17 所示。

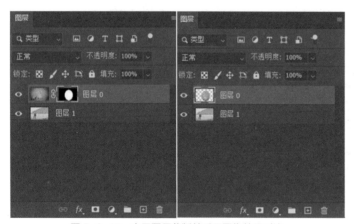

图 5-2-17　应用图层蒙版前后原图像效果对比

图 5-2-18　停用图层蒙版效果

（4）图层蒙版的停用和启用

① 图层蒙版的停用。首先选择图层蒙版，右键单击"停用图层蒙版"，蒙版保留，蒙版效果消失，如图 5-2-18 所示。

② 图层蒙版的启用。选择图层蒙版，右键单击"启用图层蒙版"，蒙版上的"□"消失，蒙版效果恢复。

3. 矢量蒙版的基本操作

矢量蒙版的创建与图层蒙版的创建有所不同。

（1）矢量蒙版的创建

① 矢量蒙版创建方法一：选择图层，按下键盘上的【Ctrl】键，再单击"图层"面板下方的"添加蒙

版按钮" ▣ ，所创建的蒙版就是矢量蒙版。

②矢量蒙版创建方法二：选中需要创建蒙版的图层，选择"图层→矢量蒙版→显示全部 / 隐藏全部"，就可以为图层创建一个全部显示和全部隐藏的矢量蒙版。

（2）矢量蒙版的编辑

矢量蒙版的编辑工具：形状路径或钢笔绘制的路径，都可以修改矢量蒙版中的图形。选择矢量蒙版，使用钢笔工具绘制需要的形状，形状内显示当前图层的内容，形状外隐藏当前图层的内容。

4. 剪贴蒙版的基本操作

剪贴蒙版就是通过使用处于下方图层的形状来限制上方图层的显示状态，达到一种剪贴画的效果。

（1）剪贴蒙版的创建

导入两幅图片，上面图层为要显示的内容图片，下面图层为显示的形状图片。选中上面图层，选择"图层→创建剪贴蒙版"，上方图层缩略图缩进，并且带有一个向下的箭头，快捷键为【Alt +Ctrl+G】，也可以按住【Alt】键，在两图层中间出现图标后点击左键，效果如图 5-2-19 所示。

图 5-2-19　剪贴蒙版创建后的图层效果

（2）剪贴蒙板与图层蒙板的区别

①图层蒙板只作用于一个图层，给人的感觉好像是在图层上面进行遮挡一样。但剪贴蒙板却是对一组图层进行影响，而且是位于被影响图层的最下面。

②图层蒙板本身不被作用，而剪贴蒙板本身是被作用对象。

③图层蒙板影响作用对象的不透明度，而剪贴蒙板除了影响所有顶层的不透明度，其自身的图层模式和样式对上面图层也产生直接影响。

岗位知识储备——海
报设计的基本常识

 传承民族气节——崇尚英雄气概

　习近平总书记倡导，要传承民族气节、崇尚英雄气概，学习英雄、铭记英雄。一个有希望的民族不能没有英雄，一个有前途的国家不能没有先锋。包括抗战英雄在内的一切民族英雄，都是中华民族的脊梁，他们的事迹和精神都是激励我们前行的强大力量。回望祖国的百年奋斗征程，从 "狼牙山五壮士" 到抗美援朝志愿军 "新兴里战斗模范连"，从抗击新冠肺炎疫情先进个人到英勇战士保卫人民安全……无数英雄楷模前赴后继、浴血奋战，艰苦奋斗、无私奉献，展现出对祖国的大爱和对人民的赤子深情。继承发扬英雄模范的爱国精神和人民情怀，在党和人民需要的地方冲锋陷阵、顽强拼搏、埋头苦干，是对英雄模范最好的纪念。我们应学习英雄楷模的爱国精神，在自己的岗位上发光发热，传承中华民族气节。

技能拓展

➡ **知识树**

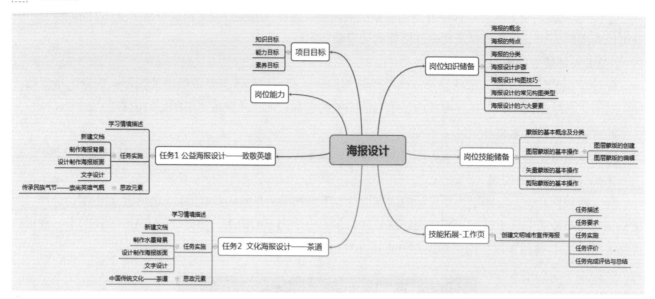

➡ **习题**

1. 图层创建选区后，按下 Alt 键单击"图层"面板底部的"添加图层蒙版"按钮，将出现（　　）。

　　A. 选区以外内容将变为红色半透明状态

　　B. 只显示选区内的图像，选区以外的部分变为透明状态

　　C. 只显示选区以外的图像，选区图像将变为半透明状态

　　D. 只显示选区以外的图像，选区图像将变为透明状态

2. 关于删除蒙版说法错误的是（　　）。

　　A. 选择图层蒙版缩览图，按下 Delete 键

　　B. 使用"图层→图层蒙版→删除"

　　C. 在图层蒙版上单击鼠标右键，在快捷菜单中选择"删除图层蒙版"

　　D. 可把蒙版缩览图直接拖动到图层面板的"删除图层"按钮上

3. 在 Photoshop 中，创建快速蒙版并进行编辑后，单击"以标准版模式编辑"按钮的操作结果是（　　）。

　　A. 图像保持创建快速蒙版前的状态　　　　B. 修改后的蒙版将被转换为选区

　　C. 只保留创建蒙版前的选区内容　　　　　D. 没有任何变化，所有选区将自动取消

4. 在 Photoshop 中，在两个图层的上方图层添加图层蒙版，用黑色画笔在图像上描绘，产生的效果是（　　）。

　　A. 透过画笔痕迹看见下方图层　　　　　　B. 绘制出黑色痕迹

　　C. 透过画笔痕迹看见上方图层　　　　　　D. 绘制出白色痕迹

5. 在图层蒙版中，选区内的区域显示为（　　）。

　　A. 黑色　　　　　　B. 白色　　　　　　C. 灰色　　　　　　D. 半透明红色

➡ **课堂笔记**

项目六　DM 广告设计

DM 是英文 direct mail advertising 的省略表述，直译为"直接邮寄广告"，DM 广告是一种贴近生活的广告宣传方式，通常会通过邮寄或赠送的形式，将宣传品送到消费者的手中。它打破了以往广告追求的"人人皆知"的传统模式，商家需要的不再是面向大众的传播，而是将信息准确地传达给锁定的目标受众。DM 广告，由于其针对性强、适用范围广、价格低廉及"一对一"的特殊宣传方式，受到众多广告主和从业人员的认可和青睐。

- 任务1　　武术学校招生简章
- 任务2　　旅游产品广告设计

熟悉 DM 广告设计知识，能够针对商家需求进行 DM 广告设计，在工作中能够设计制作出与主题相匹配的 DM 广告。

1. 知识目标
① 了解通道的含义及类型。
② 掌握通道的基本操作方法。

2. 能力目标
① 会使用通道存储选区。
② 会使用通道进行抠图。
③ 会使用通道进行色彩的调整。

3. 素养目标
① 多角度设计思路引领，拓宽文化视角。
② 学习传统文化，培养独具特色的职业特质。

任务1　武术学校招生简章

中国传统武术伴随着中国历史与文明发展，走过了几千年的风雨历程，成为维系中华民族生存和发展的魂以及承载中华儿女基因构成的魄。本次任务让我们共同来设计具有中国风的武术学校招生简章，发扬中华民族传统文化，如图 6-1-1 所示。

图 6-1-1　武术学校招生简章效果图

操作步骤指引

1. 新建文档

选择"文件→新建"命令，新建一个文件，宽度为 2480 像素，高度为 3508 像素，分辨率为 300 像素 / 英寸，颜色模式为 CMYK 颜色，背景内容为白色。然后执行文件菜单中的保存命令（快捷键【Ctrl+Shift+S】），文件命名为"招生简章 .psd"。

2. 制作招生简章正面

①打开"视图"菜单下的标尺（快捷键【Ctrl+R】），在画布周围添加参考线，如图 6-1-2 所示。

②设置出血量（即距离边缘的距离，可以标注出安全的范围，使裁纸刀不会裁切到不应该裁切的内容），选择"图像"菜单下的"画布大小"命令，打开"画布大小"对话框，设置单位为"毫米"，出血量一般每个边为 3 毫米，在原画布大小基础上宽度和高度都增加 6 毫米。效果如图 6-1-3 所示。

图 6-1-2　设置参考线

图 6-1-3　设置出血量后的效果图

③选择图层面板底部的"创建新组"按钮，双击重命名为"正面"，如图 6-1-4 所示。选择"正面"组，单击新建图层，命名为"背景"，设置前景色为"#f9f2e0"，使用油漆桶工具填充背景层，或者按快捷键【Alt+Backspace】，颜色设置如图 6-1-5 所示。

④打开素材图片"山水"，并使用"移动工具" ✛ 将其移动到主窗口中，双击该图层，将图层重命名为"山水"，按【Ctrl+T】快捷键，调整大小、角度、位置。调整后的效果如图 6-1-6 所示。

⑤打开素材图片"夕阳"，并使用"移动工具" ✛ 将其移动到主窗口中，将该图层命名为"夕阳"，按【Ctrl+T】快捷键，调整大小和位置。选中"夕阳"图层，单击"图层"面板中的"添加图层蒙版"按钮 ▣。选择"画笔工具" ✎，在属性栏中选择"常规画笔→柔边缘"，调整"大小"为 260 像素，"流量"

为 68％，设置前景色为黑色，选中建立的蒙版，对夕阳图片的边缘进行涂抹，效果如图 6-1-7 所示。

图 6-1-4　新建组

图 6-1-5　颜色设置

图 6-1-6　山水素材调整效果

图 6-1-7　添加蒙版后的效果

⑥新建一个图层，命名为"直线"，使用矩形选框工具，绘制一个矩形，宽为 2480 像素，高度为 50 像素，填充颜色为黑色。调整方向和位置到如图 6-1-8 所示，设置该图层的透明度为 40％。

⑦新建一个图层，命名为"横线"，使用矩形选框工具，绘制一个矩形，宽为 2480 像素，高度为 60 像素，填充颜色为"#4d1105"，放到图的下方位置，如图 6-1-9 所示，设置该图层的透明度为 75％。

图 6-1-8　直线调整效果

图 6-1-9　横线位置效果图

⑧新建一个图层，命名为"灰色背景"，使用矩形选框工具，绘制一个矩形，填充颜色为"#e3e2e2"，如图 6-1-10 所示，设置该图层的透明度为 45％。

图 6-1-10　灰色背景位置及效果

⑨打开"武术人物"素材，打开"通道"面板，选择对比比较明显的通道，复制蓝色通道。选中蓝色

通道复制图层，按下【Ctrl+M】键，调整曲线，使图像对比更明显。按下【Ctrl+L】键，调整色阶，使得通道中白色区域更白，黑色区域更黑。人物中的黑色区域还有很多白色，使用画笔工具，设置色彩为黑色，把人物内部全部涂黑，效果如图6-1-11所示。

⑩按下【Ctrl+I】键，对蓝色通道中的色彩进行反转，效果如图6-1-12所示。

图6-1-11　蓝色通道效果　　　　　　　　　　　图6-1-12　黑白反转效果

⑪选择蓝通道副本，选择"通道"面板底部的"将通道作为选区载入" ，回到图层面板，按【Ctrl+J】键，复制人物到新的图层，命名为"人物"，效果如图6-1-13所示。

⑫选中"人物"图层，设置前景色为黑色，使用"油漆桶工具"填充，把人物填充为黑色，效果如图6-1-14所示。

图6-1-13　将人物复制到新层　　　　　　　　　图6-1-14　填充色彩后的人物

⑬回到图层面板，按下【Ctrl】键，单击"人物"图层，选中人物，按下复制快捷键【Ctrl+C】，打开主窗口，选择"粘贴"命令或快捷键【Ctrl+V】，复制人物到主窗口中，调整位置和大小到合适位置，如图6-1-15所示。

⑭选择文字工具中的"横排文字工具" ■ T横排文字工具　　　T，设置字体为"汉仪菱心体简"，大小为100点，颜色为白色。在图像上方输入文字处单击鼠标左键，出现小的"I"图标，这就是输入文字的基线，输入主题文字"朝阳武术学校"，用同样的方法输入文字"招生简章"，文字颜色为"#d3897d"，位置如图6-1-16所示。

图6-1-15　人物位置图　　　　　　　　　　　图6-1-16　文字位置

⑮ 为"朝阳武术学校"文字图层添加斜面和浮雕效果，参数设置如图 6-1-17 所示。

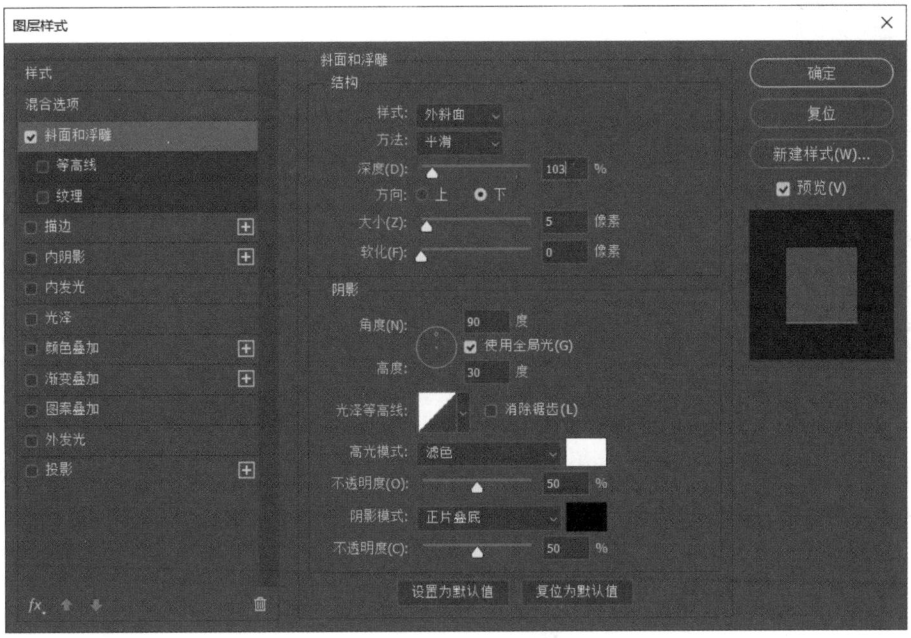

图 6-1-17　参数设置图

⑯ 打开工具箱的"多边形工具"■ ◯ 多边形工具　　U，设置前景色为"# ada395"，设置属性栏中的边数为 8，绘制模式选择"像素"，在窗口中绘制一个八边形，复制三个图层。调整位置到如图 6-1-18 所示。

⑰ 选择文字工具中的"横排文字工具"■ T 横排文字工具　　T，设置字体为"汉仪菱心体简"，大小为 60 点，颜色为"# 58261d"，分别在图形的上方使用文字工具输入文字，如图 6-1-19 所示。

⑱ 使用文字工具，在如图 6-1-20 所示位置输入报名时间，在底部输入咨询电话和地址信息，并打开"二维码"素材，拖放到主窗口中。

图 6-1-18　图像位置效果图

图 6-1-19　文字效果图

图 6-1-20　正面效果图

3. 制作招生简章反面

① 选择图层面板底部的"创建新组"按钮，双击重命名为"反面"，如图 6-1-21 所示。

② 选择"反面"组，单击新建图层，命名为"背景"，设置前景色为"#fdf6e5"，使用油漆桶工具或者按快捷键【Alt+Backspace】填充背景层。

③ 使用矩形工具绘制画面边框线，设置"填充"为无，"描边宽度"为 1 像素，颜色为"#e3d6b8"，拖动鼠标绘制边框，如图 6-1-22 所示。

④ 打开素材图片"山水"，并使用"移动工具"✛将其移动到主窗口中，双击该图层，将图层重命名为"山水"，按【Ctrl+T】快捷键，调整大小、角度、位置。调整后的背景效果如图 6-1-23 所示。

⑤ 打开"边框"素材，使用魔棒工具删除背景，使用选区工具，选择一种边框进行复制，把复制的边框粘贴到主窗口中，并使用移动工具将其移到画面的顶部，效果如图 6-1-24 所示。

图 6-1-21 新建"反面"组

图 6-1-22 颜色设置

图 6-1-23 背景效果图

图 6-1-24 边框设置效果

⑥ 打开"标题边框"素材，使用移动工具拖放到主窗口中，按下【Ctrl+T】组合键，将其大小缩放到原来的 50%，摆放到合适位置，使用横排文字工具，设置字体为"黑体"，大小为 26 点，颜色为黑色，在边框内输入文字"朝阳武术学校简介"和"招生计划"。

⑦ 选择"矩形选框工具"，绘制一个矩形选框，选择"选择→修改→平滑"命令，在弹出的"平滑选区"对话框中，输入"取样半径"为 16 像素，在窗口中绘制一个圆角矩形。

⑧ 打开路径面板，选择底部"将选区转换为路径"◇ 按钮，将选区转换为路径，选择工具箱中的"画笔工具"，设置画笔的笔刷大小为 2 像素，设置前景色为"# e3d6b8"，单击路径面板底部的"用画笔描边路径"○，如图 6-1-25 所示。得到一个圆角矩形边框，如图 6-1-26 所示。复制一个圆角矩形，将其移动到"招生计划"下方。

图 6-1-25 路径面板

图 6-1-26 圆角矩形效果

⑨ 使用文字工具，在圆角矩形内部绘制文字框，使用 Word 软件打开"6-1 任务文字素材"，选择文字进行复制，到主窗口中进行粘贴，调整文字到合适大小，设置文字字体为"黑体"，大小为 26 点，调整文本框边框，可以使文字和边框排版更美观，紧凑整齐。

⑩ 使用同样的方法，把招生计划文字复制到窗口中，效果如图 6-1-27 所示。

⑪ 使用椭圆工具，模式选择"像素"，前景色设置为"#e3d6b8"，绘制圆形，复制五个摆放到如图 6-1-28 所示位置，使用画笔工具，设置大小为 1 像素，颜色为"#e3d6b8"，按住【Shift】键，绘制圆形对应的线条。

⑫ 选择文字工具中的"横排文字工具"　T 横排文字工具　T，设置字体为"华文隶书"，大小为 48 点，颜色为黑色。在图像上方输入文字，效果如图 6-1-29 所示。

⑬ 最后选择文字工具中的"横排文字工具"　T 横排文字工具　T，设置字体为"华文隶书"，大小为 48 点，颜色为黑色，在最上方输入标题文字"全封闭式管理，文武兼修"，最终效果如图 6-1-30 所示。

图 6-1-27　文字设置效果图

图 6-1-28　图形绘制效果

图 6-1-29　文字输入效果

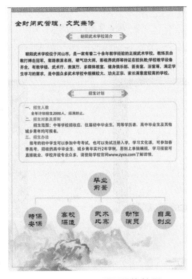

图 6-1-30　反面最终效果

任务 2　旅游产品广告设计

 学习情景描述

近年来，国家各级政府大力发展乡村特色旅游，利用景区带动乡村发展的联动模式大力发展地方经济，助力乡村振兴，围绕"一村一品""一村一特"推出一批乡村特色打卡点，满足游客旅游体验新需求，发展乡村景区新业态。为了让更多的人了解地方特色，吸引更多的游客来访，让我们共同来设计独具地方特色的旅游产品宣传广告，让更多的人了解中国的历史文化和独具特色的风土人情，如图 6-2-1、图 6-2-2 所示。

图 6-2-1　旅游产品广告设计正面效果图

图 6-2-2　旅游产品广告设计反面效果图

操作步骤指引

1. 新建文件

选择"文件→新建"命令，新建一个文件，宽度为191毫米，高度为216毫米，分辨率为300像素/英寸，颜色模式为CMYK颜色，背景内容为白色，单击"创建"按钮。然后执行文件菜单中的保存命令（快捷键【Ctrl+Shift+S】），文件命名为"旅游产品宣传单.psd"。

2. 制作旅游产品广告设计三折页正面

① 打开"视图"菜单下的标尺（快捷键【Ctrl+R】），拖动设置参考线，如图6-2-3所示，为宣传单设置适当的出血量。三折页宣传单设计时，页面设置顺序一般如下：正面从右向左是1、2、3页，分别设计成封面、封底、简介；反面从左向右是4、5、6页，设计存放产品的内容。

② 选择图层面板底部的"创建新组"按钮，新建两个组，分别命名为"正面""反面"，如图6-2-4所示。

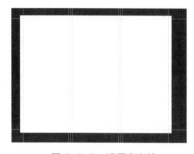

图6-2-3 设置参考线　　　　　　　图6-2-4 图层面板新建组效果

③ 第一页封底制作。打开素材图片"乡村"，并使用"移动工具"▣将其移动到主窗口中，双击该图层，将图层命名为"封面"，按【Ctrl+T】组合键调出自由变换控制框，按住【Shift】键的同时，拖动控制句柄，调整大小和位置。选中"封面"图层，为图层添加图层蒙版。设置画笔笔刷为"干介质画笔"里的"终极粉彩画笔"，"大小"为120像素，"流量"设置为50%，前景色设置为黑色（#000000），在图像上不需要保留的部分绘制，边缘出现毛边效果。效果设置如图6-2-5所示。

④ 使用直排文字工具输入标题文字"美丽乡村"，字体为"方正黄草简体"，大小为72点，颜色为黑色。输入文字"特色游"，字体为"黑体"，大小为30点，颜色为黑色。

⑤ 输入封面下面的文字段落"鸡鸣犬吠 虫鸟啁啾 泉水叮咚 大自然的美妙韵律交织出一幅美丽的田园风光画卷"，字体为"黑体"，大小为11点，颜色设置为"#656262"。

⑥ 打开"印章墨迹"素材图片，并使用"移动工具"▣将其移动到"特色游"文字图层的下方，按【Ctrl+T】组合键，调整大小。效果如图6-2-6所示。

图6-2-5 图层蒙版设置效果　　　　图6-2-6 文字效果图

⑦ 第二页封底制作。打开素材图片"梅花"，并使用"移动工具"✛将其移动到主窗口中合适的位置，双击该图层，将图层命名为"梅花"，按【Ctrl+T】组合键，调整图像大小和角度。使用矩形选框工具，选取梅花超出画面部分，按下【Delete】键删除多余部分。

⑧ 使用直排文字工具分别输入标题文字"相约最美乡村 体验农家风情"，字体为"黑体"，大小为 14 点，颜色为"#656262"。

⑨ 打开素材图片"二维码"，并使用"移动工具"✛将其移动到画面中合适的位置，按【Ctrl+T】组合键，调整大小。

⑩ 使用横排文字工具，在画面底部位置绘制出文本区域，在文本区域输入联系电话、地址、客服 QQ、网址等信息。字体设置为"黑体"，大小为 11 点，颜色为黑色，效果如图 6-2-7 所示。

⑪ 第三页封底制作。打开素材图片"村落"，并使用"移动工具"✛将其移动到窗口中合适的位置，双击该图层，将图层命名为"村落"，按【Ctrl+T】组合键，调整图像大小和角度。选中"村落"图层，为图层添加图层蒙版。设置画笔笔刷为"常规画笔"中的柔边缘笔刷，"大小"为 80 像素，"流量"为 50 %，前景色设置为黑色（#000000），在图像的上面涂抹，使得边缘与背景融合得更柔和，效果如图 6-2-8 所示。

⑫ 使用横排文字工具，输入标题文字"谷上村简介"，字体为"迷你简竹节"，大小为 30 点，颜色为黑色。

⑬ 使用椭圆选区工具，按住【Shift】键，绘制正圆，填充颜色为"#7d7470"。使其位于文字"谷"的下方。选择移动工具，按下【Alt】键，拖动圆形复制出 2 个，排列位置为"上"和"村"两个字的下方，装饰标题文字。

⑭ 使用横排文字工具，在画面中间绘制文字区域，输入介绍文字，字体设置为"黑体"，大小为 12 点，颜色为黑色，完成简介页面的制作，效果如图 6-2-9 所示。

图 6-2-7　封底效果图　　图 6-2-8　图像效果图　　图 6-2-9　文字效果

3. 制作旅游产品广告设计三折页反面

① 名胜古迹页面制作。选择反面组，单击新建图层按钮，新建一个图层命名为"背景"，设置前景色为"#efeeee"，用油漆桶工具填充背景。为防止后期制作中背景移动，给该图层加上锁，锁定背景层。

② 使用直排文字工具分别输入标题文字"名胜古迹"和"MINGSHENGGUJI"。"名胜古迹"字体为"汉仪菱心体简"，大小为 30 点，颜色为"#4e504d"。"MINGSHENGGUJI"字体为"汉仪菱心体简"，大小为 14 点，颜色为"#69b82e"。效果如图 6-2-10 所示。

图 6-2-10　标题文字效果

③打开素材图片"古树""进士府""古祠堂"，使用"移动工具" ➕ 将其移动到窗口中合适的位置，分别选中，按【Ctrl+T】组合键，调整图像大小，使用矩形选框工具，选择保留区域，选择"图层"面板底部的"添加图层蒙版"，效果如图 6-2-11 所示。

④使用横排文字工具，分别输入标题文字"古树""进士府""古祠堂"，字体设置为"黑体"，大小为 16 点，颜色设置为"#4e504d"。

⑤使用横排文字工具，在标题文字下面绘制出文本区域，在文本区域输入介绍的文字。字体设置为"黑体"，大小为 11 点，颜色为黑色。效果如图 6-2-12 所示。

图 6-2-11 蒙版设置

图 6-2-12 最终效果设置

⑥使用横排文字工具输入标题文字"欢乐采摘"，字体为"汉仪菱心体简"，大小为 30 点，颜色设置为"# 69b82e"。使用矩形选框工具，绘制一个高 9 像素的选区，填充颜色为"# 69b82e"，放置到文字的下方。

⑦使用横排文字工具输入小标题文字，字体为"黑体"，大小为 16 点，颜色设置为白色。使用矩形选框工具，绘制矩形条，填充颜色为"#4e504d"。调整矩形条大小，作为小标题文字的装饰。将矩形条放置到小标题文字下方，复制一个，放到另一个标题的下方，位置效果如图 6-2-13 所示。

⑧打开素材图片"农场"，使用"移动工具" ➕ 将其移动到窗口中合适的位置，分别选中，按【Ctrl+T】组合键，调整图像大小，使用矩形选框工具，选择保留区域，选择"图层"面板底部的"添加图层蒙版"，为图层添加图层蒙版。

⑨打开素材图片"蜂蜜"和"莓茶"，使用"移动工具" ➕ 将其移动到窗口中合适的位置，分别选中，按【Ctrl+T】组合键，调整图像大小。

⑩使用"多边形工具" ⬡ 多边形工具 U ，设置边数为 8，按下【Shift】键，绘制一个正八边形路径，将路径转化成选区，打开"通道"面板，选择"将选区存储为通道" ▣ 按钮，如图 6-2-14 所示。

⑪打开"通道"面板，选择"将通道作为选区载入" ▣ 按钮，回到"图层"面板，选择"蜂蜜"图层，单击"图层"面板上的"添加图层蒙版" ▣ 按钮，得到八边形图像效果，用同样的方法，为"莓茶"图层添加图层蒙版，如图 6-2-15 所示效果。

⑫使用同样的方法，得到一个八边形选区，单击"选择→修改→扩展"，打开"扩展选区"对话框，设置扩展量为 4，新建一个图层，命名为八边形，设置前景色为"#8cc560"，填充选区。把八边形图层移动到蜂蜜图层的下方，复制一个八边形，移动到"莓茶"图层的下方。效果如图 6-2-16 所示。

图 6-2-13　文字效果图

图 6-2-14　选区存储为通道

图 6-2-15　添加蒙版后的效果

图 6-2-16　八边形位置效果

⑬ 使用横排文字工具，输入标题文字"野生蜂蜜""莓茶"，设置字体为"黑体"，大小为 16 点，颜色设置为"# 419d37"，将文字放置到图像的上方。

⑭ 打开素材图片"西红柿""草莓""火龙果"，使用"移动工具" ✛ 将其移动到窗口中合适的位置，分别选中，按【Ctrl+T】组合键，调整图像大小，使用矩形选框工具，选择保留区域，选择"图层"面板底部的"添加图层蒙版"，为图层添加图层蒙版，如图 6-2-17 所示。

⑮ 使用直排文字工具输入标题文字"民宿配套"，字体为"汉仪菱心体简"，大小为 30 点，颜色设置为"# 06407c"，使用矩形选框工具绘制一个宽 9 像素的选区，填充颜色为"# 06407c"，放置到标题文字的右侧作为装饰。

⑯ 打开素材图片"民宿"，使用"移动工具" ✛ 将其移动到窗口中合适的位置，按【Ctrl+T】组合键，调整图像大小，放到标题的右侧位置。

⑰ 打开素材图片"插花"和"野炊"，使用"移动工具" ✛ 将其移动到窗口中合适的位置，分别选中，按【Ctrl+T】组合键，调整图像大小。

⑱ 使用椭圆选框工具，按下【Shift】键，绘制一个正圆形路径，将路径转化成选区，打开"通道"面板，选择"将选区存储为通道" ▣ 按钮。

⑲ 打开"通道"面板，选择"将通道作为选区载入" ▥ 按钮，回到图层面板，选择"野炊"图层，单击"图层"面板上的"添加图层蒙版" ▣ 按钮，得到圆形图像效果，用同样的方法，为插花层添加图层蒙版。

⑳ 选择两个图层，为图层添加图层样式描边，设置"描边宽度"为 6 像素，颜色为"# bfbeb1"。得到效果图如图 6-2-18 所示。

㉑使用直线工具，设置颜色为"# bfbeb1"，绘制两条直线，在线的下方和上方分别输入文字"野炊"和"插花"四个字，字体设置为"黑体"，大小为 18 点，颜色为"# 06407c"。

㉒使用横排文字工具，在标题文字下面绘制出文本区域，在文本区域输入介绍的文字。字体设置为"黑

体"，大小为 11 点，颜色为黑色，效果如图 6-2-19 所示。

图 6-2-17　蒙版设置

图 6-2-18　图像效果

图 6-2-19　效果图

 岗位技能储备—DM 广告设计的技能要点

通道是用来存储图像颜色信息和选区信息的灰度图像，可以存储图像的色彩资料，还可以存储和创建选区，也可以用于图像抠图。

1.Photoshop 通道分类

（1）Alpha 通道

Alpha 通道是为保存选择区域而专门设计的通道。在 Alpha 通道中，白色代表被选取，黑色代表不被选取，灰色代表仅一部分被选取。除了 Photoshop 的文件格式 PSD 可以保存 Alpha 通道外，GIF 与 TIFF 格式的文件也都可以保存 Alpha 通道。

（2）颜色通道

在 Photoshop 中编辑图像时，实际上就是在编辑颜色通道。这些通道把图像分解成一个或多个色彩成分。对于不同模式的图像，其通道的数量是不一样的。在 Photoshop 中，通道涉及三个模式:RGB 模式、CMYK 模式、Lab 模式，如图 6-2-20 所示。对于 RGB 模式的图像，其含有 RGB、R、G、B 通道；对于 CMYK 模式的图像，其含有 C、M、Y、K 通道；对于 Lab 模式的图像，则含有 L、a、b 通道。当我们查看单个通道的图像时，图像窗口中显示的是没有颜色的灰度图像，通过编辑灰度级的图像，可以更好地掌握各个通道原色的亮度变化。

（3）复合通道

复合通道不包含任何信息，实际上它只是同时预览并编辑所有颜色通道的一个快捷方式。复合通道通常被用来在单独编辑完一个或多个颜色通道后使通道面板返回到其默认状态。

（4）专色通道

专色通道是一种特殊的颜色通道，它可以使用除青色、洋红、黄色、黑色以外的颜色来绘制图像。在印刷中为了让自己的印刷作品与众不同，往往要做一些特殊处理，如增加荧光油墨或夜光油墨，套版印制无色系（如烫金）等。这些特殊颜色的油墨（我们称其为"专色"）都无法用三原色油墨混合而成，这时就要用到专色通道与专色印刷。

（5）矢量通道

人们运用复杂的计算方法将图形上的点、线、面与颜色信息转化为简洁的数学公式，这种公式化的图形被称为"矢量图形"，而公式化的通道则被称为"矢量通道"。Photoshop 中的"路径"、3D 中的几种预置贴图、Illustrator、Flash 等矢量绘图软件中的蒙版，都是属于这一类型的通道。

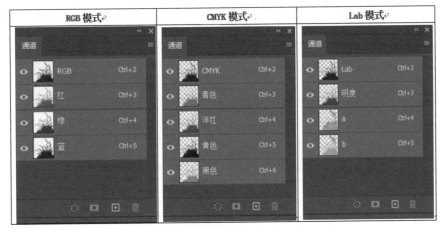

图 6-2-20　三种模式的颜色通道

2. 通道的基本操作

① 单击"创建新通道" ⊡ 按钮，可以创建一个新的 Alpha 通道，拖动颜色通道到 ⊡ 上，可以复制一个通道。

② 单击"删除当前通道" 🗑 按钮，可以删除当前选中的通道。

③ 选择 Alpha 通道，单击"将通道作为选区载入" ○ 按钮，可以将通道中白色区域转换成选区。

④ 绘制一个选区，单击"将选区存储为通道" ⊡ 按钮，可以将当前选区存储为 Alpha 通道。

分离通道是将图像中的每个通道分离成一个独立的灰度图像。

3. 利用通道修改图像色彩

改变图像一个通道的色彩信息，原图色彩将发生改变，如图 6-2-21 ～图 6-2-23 所示。

图 6-2-21　蓝色通道填充黑色

图 6-2-22　原图

图 6-2-23　效果图

4. 通道抠图原理

"通道"在抠图时的运用精髓：通道就是选区，建立通道，就是建立选区；修改通道，就是修改选择范围。那么选区是如何形成的呢？通道中不同的颜色形成不同的选择范围。在通道里，白色代表有，黑色代表无，它是由黑、白、灰三种亮度来显示的，如果我们想将图中某部分抠取下来，即创建选区，就在通道里将这一部分调整成白色。

通道抠图的具体操作步骤如下。

①打开图像的通道面板，找出背景与选取对象对比明显的通道，复制该通道。

②使用色阶、曲线，加强黑白对比，让白的更白，黑的更黑。

③使用套索工具、画笔工具修补黑白图，黑白色镂空部分用画笔涂抹，大面积填补用套索工具选取，填充对应颜色，需要选取的对象设置成白色，不需要的部分设置成黑色。

④把通道载入选区，回到图层面板，按【Ctrl+J】键复制选区中的对象到新图层。

岗位知识储备——DM 广
告设计基本常识

 助力乡村振兴——宣传民俗文化

党的十九大报告提出了乡村振兴战略二十字方针，即"产业兴旺、生态宜居、乡风文明、治理有效、生活富裕"。乡村振兴不能局限于一味地发展农业，它既传承着具有中国特色的五千年历史的乡村农耕文明，又应该能够体现具有现代工业化、城乡化发展和特征的现代文明。全国各地依据地方民俗文化特色，开发新的旅游项目吸引全世界游客前来体验和感受当地民俗风情，从而让更多的人喜欢中国传统文化，了解当地民俗风情。

技能拓展

➡ **知识树**

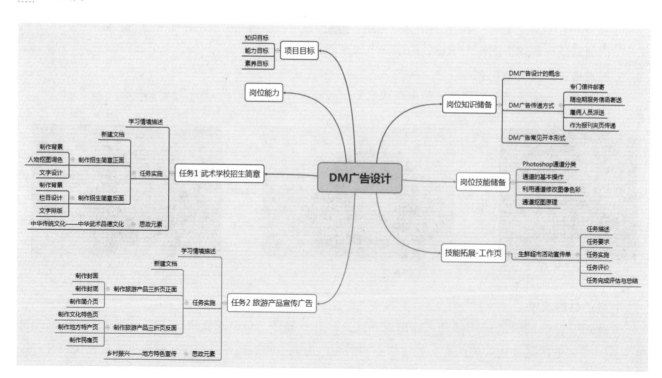

➡ **习题**

1. 在 Photoshop CS6 中，关于 Alpha 通道蒙版，以下说法正确的是（　　）。

　　A. 与快速蒙版完全一样，都属于临时蒙版，不能随图像保存

　　B. 与快速蒙版完全一样，是永久性的，可以随图像保存

　　C.Alpha 通道蒙版是永久性的，可以随图像保存，而快速蒙版是临时的，不能随图像保存

　　D. 快速蒙版是永久性的，可以随图像保存，而 Alpha 通道蒙版是临时的，不能随图像保存

2. 关于复制通道说法错误的是（　　）。

　　A. 拖动要复制的通道到"创建新通道"按钮上

　　B. 选择要复制的通道，选择"通道"面板中的"复制通道"命令

　　C. 在要复制的通道上单击鼠标右键，在快捷菜单中选择"复制通道"命令

　　D. 选择"通道"面板中的"复制通道"命令

3. 按下 Alt 键，单击"通道"面板下方的"创建新通道"按钮，将（　　）。

　　A. 直接创建一个新通道

　　B. 将创建的通道转为选区

　　C. 创建新通道时，弹出"新建通道"对话框

　　D. 完成复制通道操作

4. 在 Photoshop CS6 中，CMYK 颜色模式的图像包括的单色通道是（　　）。

　　A. 青色、黄色、白色和洋红通道　　　　　B. 蓝色、洋红、黄色和白色通道

　　C. 青色、洋红、黄色和黑色通道　　　　　D. 白色、洋红、黄色和黑色通道

5. 在 Photoshop CS6 中，将 Alpha 通道转换为选区的方法不包括（　　）。

　　A. 单击"通道"面板中的"将通道作为选区载入"按钮

　　B. 在"通道"面板中按住 Ctrl 键单击 Alpha 通道

　　C. 选择菜单"选择→载入选区"命令

　　D. 在"通道"面板中双击 Alpha 通道

➡ **课堂笔记**

书籍是传承思想的最好介质，先进的思想都能从书籍中找到，读书可以学到丰富的知识，开阔眼界，还可以使人进步。很多读者在选书的时候首先看的就是封面。封面对于书籍有着极其重大的意义，它具有功能性考量和美学意义上的延伸。

- 任务1　　　中国风封面设计
- 任务2　　　儿童图书设计

 岗位能力

熟悉书籍设计知识，能够进行书籍封面设计，在工作中能够制作出与主题相匹配的书籍封面。

 项目目标

1. 知识目标
① 掌握文字工具组、选择工具组及选区变换工具的使用。
② 灵活运用图层的基本操作。
③ 会用钢笔工具。
④ 熟悉常用滤镜的效果。

2. 能力目标
① 掌握变形工具的使用。
② 掌握蒙版的使用。
③ 掌握滤镜的操作方法。

任务1　中国风封面设计

 学习情境描述

古诗词是中国传统文化的精粹，在中国璀璨的古代文化中占有重要的地位。古诗词内涵丰富、包罗万象、意境深邃，具有很高的审美价值和很强的艺术感染力，作为中华文明的传承者，每一个中国人都应该懂一些古诗词。本次任务主要是设计具有中国风的中国古诗词书籍封面，汲取其营养，传扬中华民族精神文化，如图7-1-1所示。

图7-1-1　中国风封面设计效果图

操作步骤指引

1. 新建文档

选择"文件→新建"命令，新建一个文件，文件名为"古诗词"，宽度为 3300 像素，高度为 2600 像素，分辨率为 150 像素 / 英寸，颜色模式为 RGB 颜色，背景内容为白色，单击"创建"按钮。

2. 制作背景

① 单击"图层"面板底部的"创建新图层"按钮，新建图层"渐变背景"。

② 单击工具箱中的"渐变工具"，在"渐变工具"属性栏中单击"点按可编辑渐变"按钮，可打开"渐变拾色器"，设置黑色和白色色标。在"渐变工具"属性栏中单击"径向渐变"按钮，并选择"反向"复选框，在界面上从中心向角部拖动，制作如图 7-1-2 所示的渐变背景。

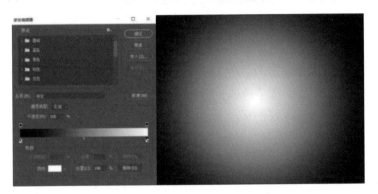

图 7-1-2　"渐变编辑器"对话框及背景效果

图 7-1-3　"底层"图片效果

3. 封面设计

① 打开素材图像"1.jpg"，将其复制到主窗口中，按【Ctrl +T】键调整至合适大小，在"图层"面板中将新增图层命名为"底层"，效果如图 7-1-3 所示。

② 打开素材图像"2.jpg"，将其复制到主窗口中，在"图层"面板中将新增图层命名为"山水"。单击"图像→调整→曲线"命令，调整山水图像的亮度，使之与背景颜色接近，参数如图 7-1-4 所示。按住【Ctrl】键单击"底层"图标，产生选区，选择"山水"层，单击"图层"面板中的"添加图层蒙版"按钮，为"山水"层添加蒙版。在工具箱中选择"橡皮擦工具"，在属性栏中选择"常规画笔→柔边缘"，调整"大小"为 400 像素，"流量"为 48 %，在山水图片的上下方进行擦除，使之融入背景图片，效果如图 7-1-5 所示。

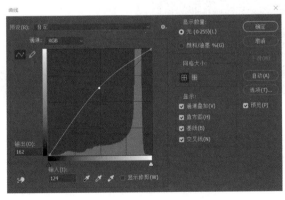

图 7-1-4　"曲线"对话框

图 7-1-5　"山水"　图层效果

③ 单击"图层→新建调整图层→照片滤镜"命令，在弹出的"新建图层"对话框中输入名称为"山水照片滤镜"，单击"确定"按钮。在"属性"面板中设置"颜色"为黑色，"密度"为 60 %，单击该"属性"

面板左下角的"此调整影响下面的所有图层"按钮 ，参数如图7-1-6所示。

图7-1-6 "照片滤镜"参数

④ 打开素材图像"3.jpg"，将其复制到主窗口中，在"图层"面板中将新增图层命名为"荷花"。按【Ctrl+T】键调整至合适大小，在图像上右键单击鼠标，在弹出的菜单中选择"水平翻转"命令，将荷花拖动到背景图片的右下角。按住【Ctrl】键单击"底层"图标，产生选区，选择"荷花"层，单击"图层"面板中的"添加图层蒙版"按钮 ，为"荷花"层添加蒙版。在工具箱中选择"橡皮擦工具"，在属性栏中选择"常规画笔→柔边缘"，调整"大小"为400像素，"流量"为48%，在荷花图片的上方进行擦除，使之留下荷花和小船图像，效果如图7-1-7所示。

⑤ 在工具箱中选择"直排文字工具" ，在属性栏中选择"方正小标宋简体"，大小为40点，设置"字符距离"为200 ，在书籍左上方输入"中国古诗词"。用同样的方法输入"赏析"，字体为"华光标题宋"，大小为80点，"字符距离"为400。输入"作者 著"，字体为"方正小标宋简体"，大小为30点，"字符距离"为200。输入"出版社"，字体为"方正小标宋简体"，大小为20点，"字符距离"为200。封面文字参数及效果如图7-1-8所示。

图7-1-7 "荷花"层效果

图7-1-8 封面文字参数及效果

⑥ 创建新图层，单击工具箱中的"自定形状工具" 按钮，在属性栏中选择"路径"，在"形状"中选择"花卉→形状48"，在"赏析"左边绘制图形，按【Ctrl+Enter】键，产生选区，填充白色，按【Ctrl+D】取消选区。再创建新图层，单击工具箱中的"多边形工具"，在属性栏中选择"路径"，边为"6"，路径选项为"星形""平滑缩进"，在屏幕上绘制星形，填充黑色，并将该图层拖动到花卉图层下方。选择这两个图层，按【Ctrl+E】键合并，将图层命名为"标志"，单击"图层"面板中的"创建新组"按钮，命名为"封面"，将封面相关图层拖动到"封面"组中，最终封面效果如图7-1-9所示。

图 7-1-9　封面效果

4. 书脊设计

① 将"底层"拖动到图层面板中的"创建新图层"按钮上，将复制的图层重命名为"书脊"，并拖动到最上方。水平向左拖动，并选择工具箱中的"矩形选框工具"选择拖出来的部分，单击"图层"面板中的"添加图层蒙版"按钮■，效果如图 7-1-10 所示。

② 将"山水"层拖动到图层面板中的"创建新图层"按钮上，将复制的图层重命名为"书脊图案"，并拖动到最上方。然后使用"移动工具"水平向左拖动，按住【Ctrl】键单击"书脊"图层的图层蒙版缩略图，产生左侧书脊选区，在"书脊图案"图层处于选中状态下，选择"图层→创建剪贴蒙版"命令，效果如图 7-1-11 所示。

图 7-1-10　书脊底层效果

图 7-1-11　书脊山水效果

③ 在书脊处输入文字"中国古诗词赏析"，"作者 著"，并复制标志，调整至合适大小，最后创建"书脊"组，将相关图层放入其下，效果如图 7-1-12 所示。

图 7-1-12　书脊文字效果

5. 制作立体效果

选择"书脊"图层组，使用【Ctrl+Alt+E】进行盖印，生成"书脊（合并）"新图层，再选择"封面"图层组，使用【Ctrl+Alt+E】进行盖印，生成"封面（合并）"新图层，从而分别生成两个图层的合并图层。隐藏"书脊"图层组和"封面"图层组。选择"封面（合并）"新图层，选择"编辑→变换→透视"命令，向下拖动右上角方框，产生透视效果，再选择"编辑→自由变换"命令，向左拖动右侧中间方框，减少宽度，按【Enter】键确定。再使用相同的办法使书脊产生透视效果，效果如图 7-1-13 所示。

图 7-1-13 立体效果

6. 制作阴影效果

创建新图层，使用钢笔工具在书籍图像下方绘制阴影区域，填充黑色，调整投影图层顺序到两个合并图层下方，使用"滤镜→模糊→高斯模糊"，设置"半径"为 25 像素，效果如图 7-1-14 所示。

图 7-1-14 阴影效果

7. 制作倒影效果

拖动"封面（合并）"图层到"创建新图层"按钮上，选择"编辑→变换→垂直翻转"命令，使用移动工具将新复制的图像拖动到下方，使图像左上角与"封面（合并）"图层图像的左下角相接，选择"编辑→变换→透视"命令，拖动右上角方块与"封面（合并）"图层图像的右下角相接，按【Enter】键确定变形。单击"图层"面板下方的"添加图层蒙版"按钮，单击工具箱中的"渐变工具"按钮，设置白色到黑色的渐变，选择"线性渐变"，从倒影图像左上角到右下角进行拖动，适当调整不透明度。使用相同的方法制作书脊的倒影。最终完成效果如图 7-1-15 所示。

图 7-1-15　倒影效果

 中华传统文化——古诗的魅力

　　古诗对于感受中华传统文化的博大,吸收民族文化的智慧,提高文化品位和审美情趣,丰富精神世界,培养热爱祖国语言文字的情感,发展个性,能够起到举足轻重的作用。古诗是当代人近距离接触、了解与感受祖国传统文化的开始,也是激发人们热爱祖国传统文化的重要工具。我们要品中华古诗词之美,弘扬中华优秀传统文化。

任务 2　儿童图书设计

 学习情境描述

　　"创意坊"针对幼儿的身体发展特征,以绘图、手工制作为载体,通过视觉、听觉、触觉、嗅觉等感官,运用多种材质,让幼儿从感知到运用点、线、面进行构图造型,感受线、形、色的神奇美感,从而开拓幼儿思维,让幼儿的内心世界得到充分的表达。"创意坊"儿童图书设计效果如图 7-2-1 所示。

图 7-2-1　"创意坊"儿童图书设计效果

操作步骤指引

1. 新建文档

选择菜单"文件→新建"命令，新建一个文件，文件名为"创意坊"，宽度为 2100 像素，高度为 3000 像素，分辨率为 300 像素 / 英寸，颜色模式为 RGB 颜色，背景内容为白色，单击"创建"按钮。

2. 制作背景

① 单击"图层"面板底部的"创建新组"按钮，新建图层组"背景"。

② 单击"图层"面板底部的"创建新图层"按钮，图层命名为"花瓣"。

③ 单击工具箱中的"默认前景色和背景色"按钮。选择工具箱中的"渐变工具"按钮，在属性栏中选择"线性渐变"，单击"点按可编辑渐变"，打开"渐变编辑器"对话框，"预设"中选择"基础"中的"前景色到背景色渐变"，如图 7-2-2 所示，单击"确定"。然后在界面中由下往上拖动鼠标，渐变效果如图 7-2-3 所示。

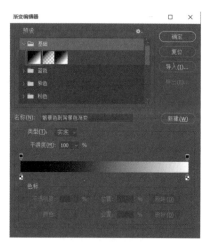

图 7-2-2　渐变编辑器

图 7-2-3　渐变效果

④选择菜单"滤镜→扭曲→波浪"命令，打开"波浪"对话框，设置"生成器数"为 10，"波长"最小数值为 263，最大数值为 264，"波幅"最小数值为 99，最大数值为 100，"比例"为 100 %，"类型"为"三角形"，如图 7-2-4 所示。波浪效果如图 7-2-5 所示。

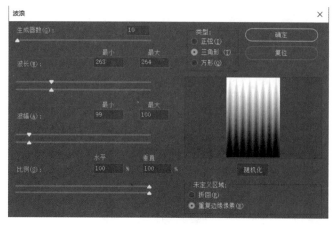

图 7-2-4　波浪参数图

图 7-2-5　波浪效果

⑤选择菜单"滤镜→扭曲→极坐标"命令，打开"极坐标"对话框，如图 7-2-6 所示，选择"平面坐标到极坐标"，极坐标效果如图 7-2-7 所示。

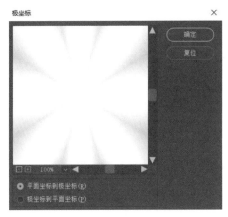

图 7-2-6　"极坐标"对话框

图 7-2-7　极坐标效果

⑥单击"图层"面板底部的"创建新图层"按钮，图层命名为"彩虹渐变"。选择工具箱中的"渐变工具"按钮，在属性栏中选择"径向渐变"，单击"点按可编辑渐变"，打开"渐变编辑器"对话框，"预设"中选择"彩虹色"中的"彩虹色_15"，如图 7-2-8 所示，单击"确定"。然后在界面中由右下方向左上方拖动鼠标，背景效果如图 7-2-9 所示。

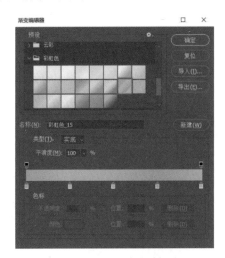

图 7-2-8　渐变编辑器

图 7-2-9　背景效果

3. 制作太阳

①单击"图层"面板底部的"创建新组"按钮，新建图层组"太阳"。

②单击"图层"面板底部的"创建新图层"按钮，图层命名为"圆形"。选择工具箱中的"设置前景色"按钮，修改前景色为黄色（#f6ff0e），选择工具箱中的"椭圆选框工具"按钮，按住【Shift】键在界面左上角拖动一个正圆，按住【Alt+Delete】组合键将前景色填充为黄色。

③单击"图层"面板底部的"创建新图层"按钮，图层命名为"光芒"。选择工具箱中的"画笔工具"按钮，在属性栏中选择"常规画笔"中的"硬边圆"，"大小"设置为 40 像素，在圆形上方绘制光芒。

④单击"图层"面板底部的"创建新图层"按钮，图层命名为"眼睛"。选择工具箱中的"画笔工具"按钮，在属性栏中选择"常规画笔"中的"硬边圆"，"大小"设置为 80 像素，绘制太阳的眼睛。

⑤单击"图层"面板底部的"创建新图层"按钮，图层命名为"鼻子嘴巴"，画笔大小设置为 20 像素，绘制太阳的鼻子和嘴巴。效果如图 7-2-10 所示。

⑥选择"光芒"图层，选择菜单"滤镜→模糊→高斯模糊"命令，打开"高斯模糊"对话框，设置"半径"数值为 10 像素。用同样的方法设置"圆形"图层、"眼睛"图层及"鼻子嘴巴"图层的模糊效果，"半径"数值分别为 20 像素、8 像素、8 像素。太阳模糊效果如图 7-2-11 所示。

4. 制作白云

① 单击"图层"面板底部的"创建新组"按钮 ▢ ，新建图层组并命名为"白云"。

② 选择工具箱中的"椭圆工具"按钮 ◯ ，设置其属性栏"工具模式"为"形状"，"填充"为白色，"描边"为无， 形状 ∨ 填充: □ 描边: ⊄ ，按住【Shift】键在界面左上角拖动一个正圆，命名为"云"。单击"图层"面板底部的"添加图层样式"按钮，在弹出的快捷菜单中选择"投影"命令，打开"图层样式"对话框，设置"不透明度"为35 %，"角度"为90 度，"距离"为21 像素，"扩展"为7 %，"大小"为5 像素。

③ 在"图层"面板中，多次拖动"云"图层到"图层"面板底部的"创建新图层"按钮 ⊞ ，复制6 个新图层，调整图层位置及椭圆的大小，效果如图7-2-12 所示。

图 7-2-10　绘制太阳

图 7-2-11　太阳模糊效果

图 7-2-12　白云效果

5. 制作文字

① 单击"图层"面板底部的"创建新组"按钮 ▢ ，新建图层组"文字"。

② 选择工具箱中的"横排文字工具"按钮 T ，设置"字体"为"方正粗黑宋简体"，"文本颜色"为红色（#f02a32），大小为400 点，输入"创"。添加"斜面和浮雕"图层样式，其中"样式"为"外斜面"，"方法"为"雕刻清晰"，"深度"为300 %，"大小"为16 像素，"软化"为4 像素，"角度"为90 度，"高度"为30 像素，"高光模式"为"滤色"，"高光颜色"为"#401f11"，高光"不透明度"为44 %，"阴影模式"为"正常"，"阴影颜色"为"#5c2309"，阴影"不透明度"为71 %。添加"内阴影"图层样式，其中"混合模式"为"正片叠底"，"距离"为4 像素，"阻塞"为0 %，"大小"为11 像素。添加"内发光"图层样式，其中"混合模式"为"正常"，"颜色"为红色（#f12b35）。

③ 在"图层"面板中，拖动"创"图层到"图层"面板底部的"创建新图层"按钮 ⊞ ，复制新图层，选择工具箱中的"横排文字工具"按钮 T ，将"创"字修改为"意"字，并更改"文本颜色"为蓝色（#3830d6），图层样式的"内发光"颜色为"#181df5"。用相同的方法复制得到"坊"图层，更改"文本颜色"为绿色（#0ea41f），图层样式的"内发光"颜色为"#0ff31f"。按住【Ctrl+T】组合键旋转三个文字到合适位置。

④ 单击"图层"面板底部的"创建新图层"按钮 ⊞ ，图层命名为"高光"，并置于"坊"图层上方。选择工具箱中的"画笔工具"，在属性栏中设置"柔边圆"画笔，画笔"大小"为80 像素，"不透明度"为40 %，"流量"为40 %，设置前景色为白色，然后在文字上绘制高光效果，如图7-2-13 所示。

图 7-2-13　文字效果

6. 绘制大树

①单击"图层"面板底部的"创建新组"按钮▢，新建图层组"大树"。

②单击"图层"面板底部的"创建新图层"按钮⊞，选择工具箱中的"画笔工具"按钮🖌，在属性栏中选择"常规画笔"中的"硬边圆"，"大小"设置为 80 像素，分别设置前景色为"# 449906""#3f8601""#4aac20""#64ba32""#72cc29""#80e02c"，从里到外逐层绘制。拖动素材"小手 .png"到大树上层，效果如图 7-2-14、图 7-2-15 所示。

图 7-2-14　绘制树冠效果

图 7-2-15　大树效果

③选择工具箱中的"魔棒工具"按钮🪄，在"小手"上单击，产生选区。设置前景色为"#dd9d3c"，背景色为"#ab6e16"，选择菜单"滤镜→渲染→云彩"命令。选择菜单"滤镜→杂色→添加杂色"命令，打开"添加杂色"对话框，设置"数量"为 40 %，选择"平均分布"，勾选"单色"，点击"确定"，如图 7-2-16 所示。选择菜单"滤镜→模糊→动感模糊"命令，打开"动感模糊"对话框，设置"角度"为 90 度，"距离"为 60 像素，如图 7-2-17 所示。使用矩形选框工具，在"小手"上框选一块，选择菜单"滤镜→扭曲→旋转扭曲"命令，打开"旋转扭曲"对话框，设置"角度"为 265 度，如图 7-2-18 所示。重复框选及旋转扭曲操作，制作多个疤痕效果，大树最终效果如图 7-2-19 所示。

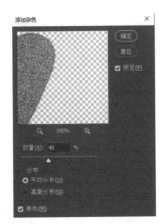

图 7-2-16　"添加杂色"对话框

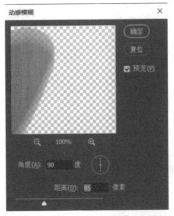

图 7-2-17　"动感模糊"对话框

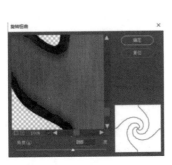

图 7-2-18　"旋转扭曲"对话框

图 7-2-19　大树最终效果

7. 制作书籍反面

① 更改画布大小。选择菜单"图像→画布大小"命令，打开"画布大小"对话框，设置"宽度"为4800 像素，"高度"为 3500 像素，"定位"为右侧中间，"画布扩展颜色"为白色，如图 7-2-20 所示。选择工具箱中的"移动工具"按钮，框选所有内容，整体向左移动一段距离，如图 7-2-21 所示。

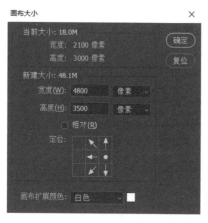

图 7-2-20　调整画布大小

图 7-2-21　调整画布后效果

②单击"图层"面板底部的"创建新组"按钮▢，新建图层组"书籍反面"。

③将"背景"图层组和"白云"图层组拖动到"图层"面板底部的"创建新图层"按钮⊞，复制两个图层组，并移动到"书籍反面"图层组中，如图 7-2-22 所示。将书籍反面图形移动到左侧。选择"白云"图层组的所有图层，选择菜单"图层→合并形状"命令，将选中的图层合并为一个图层。选择菜单"滤镜→模糊画廊→场景模糊"命令，在弹出的对话框中选择"转换为智能对象"按钮，在"模糊"面板中设置"场景模糊"数值为 24 像素，单击属性栏中的"确定"按钮，白云模糊效果如图 7-2-23 所示。

图 7-2-22　图层顺序

图 7-2-23　白云模糊效果

④单击"图层"面板底部的"创建新组"按钮▢，新建图层组并命名为"火箭"。拖动素材"火箭 .png"到最上层。按住【Ctrl】键单击"火箭"图层，产生选区，单击"图层"面板底部的"创建新图层"按钮⊞，填充白色，命名为"喷雾"，并调整图层到"火箭"图层下方。将"喷雾"图层旋转到水平位置，选择菜单"滤镜→风格化→风"命令，打开"风"对话框，"方法"选择"飓风"，"方向"选择"从右"，如图 7-2-24 所示。再执行一遍"风"滤镜效果，"方向"选择"从左"。调整"火箭"及"喷雾"图像的位置、大小、旋转角度，火箭效果如图 7-2-25 所示。

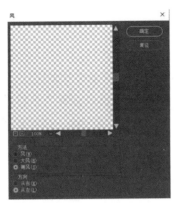

图 7-2-24　风滤镜对话框

图 7-2-25　火箭效果

⑤拖动素材"ISBN.png"到最上层。输入文字"小小巧巧手"，字体为"汉仪丫丫体简"，颜色为白色。设置"描边"图层样式，颜色为红色。

8. 制作投影及折痕效果

①单击"图层"面板底部的"创建新组"按钮 ，命名为"投影"，调整图层顺序到"背景"图层组下方。单击"图层"面板底部的"创建新图层"按钮 ，选择工具箱中的"矩形选框工具"，在属性栏中设置"羽化"为 20 像素，在反面书籍下方绘制矩形长条，设置前景色为"#9c9999"，按【Alt+Delete】组合键填充，产生投影效果。用相同的方法在反面书籍右侧及正面书籍下方绘制投影，如图 7-2-26 所示。

图 7-2-26　投影效果

②单击"图层"面板底部的"创建新组"按钮 ，命名为"折痕"，调整图层顺序到"图层"面板最上方。单击"图层"面板底部的"创建新图层"按钮 ，设置前景色为黑色，背景色为白色。选择工具箱中的"矩形选框工具"，"羽化"设置为 20 像素，在正面书籍左侧绘制矩形长条，选择工具箱中的"渐变工具"按钮，选择"线性渐变"，选择"前景色到背景色"，在长条左侧到右侧水平拖动，填充由黑到白的渐变，调整图层透明度为 50 %，产生折痕效果。复制该图层，将复制的图像拖动到书籍反面的右侧，最终效果如图 7-2-1 所示。

 关爱儿童——创意先行

儿童是我们的未来，关爱儿童成长是永恒的话题。现今国际性的儿童节日有 3 个，分别为国际儿童节（6月 1 日）、世界儿童日（每年 4 月的第四个星期日）和国际儿童日（11 月 20 日）。关爱儿童，首先要关心他们的健康成长，对儿童创意思维的培养已经上升到关注人类未来的高度。遵循儿童的心理特征，融入科学合理的设计理念，筛选出适当的创意要素，激发他们未来创造性思维的源泉，为孩子们插上展翅高飞的翅膀。

岗位技能储备——滤镜的使用

1. 认识滤镜

使用滤镜可以为图像增添特殊艺术效果。滤镜不适用于位图及索引模式的图像，大部分适用于 RGB 模式的图像。滤镜可以作用于选区，也可作用于整个图层或通道。滤镜以像素为单位进行处理，滤镜效果与图像的分辨率有关。如果要重复上一次滤镜操作，可以按【Ctrl+F】组合键，或者选择"滤镜"菜单中最上面的命令。

2. 转换为智能滤镜

选择"滤镜→转换为智能滤镜"命令，可以在使用滤镜时对原图不造成破坏。转换为智能滤镜的图像在添加滤镜效果时，滤镜会作为图层存储在图层面板中，可以双击对应滤镜修改滤镜效果，或者右键点击鼠标选择"停用智能滤镜""删除滤镜蒙版""清除智能滤镜"，如图 7-2-27 所示。

图 7-2-27　智能滤镜

3. 滤镜库

选择"滤镜→滤镜库"命令，可以在同一对话框中完成多个滤镜效果，其中包括风格化、画笔描边、扭曲、素描、纹理、艺术效果 6 个滤镜组。可以通过单击右下角的"新建效果图层"按钮 ⊞ 来增加多个滤镜效果，也可以单击"删除效果图层"按钮 🗑 删除选择的滤镜效果，这些滤镜效果的顺序也可以通过拖动进行更改，如图 7-2-28 所示。

图 7-2-28　滤镜库

4. 自适应广角

选择"滤镜→自适应广角"命令，可以设置鱼眼、透视、自动、完整球面四种效果，如图 7-2-29 所示。

5. Camera Raw 滤镜

选择"滤镜→ Camera Raw 滤镜"命令，可以从基本、曲线、细节、混色器、颜色分级、光学、几何、效果和校准等 9 个方面综合对图像进行色彩调整设置，以达到需要的创意效果，如图 7-2-30 所示。

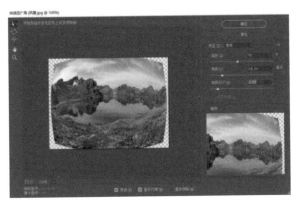

图 7-2-29　自适应广角

图 7-2-30　Camera Raw 滤镜对话框

6. 液化滤镜

选择"滤镜→液化"命令，可以对图像进行局部变形操作，包括如下各项。

① "顺时针旋转扭曲工具" 🌀：按住【Alt】键操作，可产生逆时针旋转扭曲。

② "褶皱工具" ✳：产生内缩效果。

③ "膨胀工具" ◈：产生膨胀效果。

④ "向前变形工具" ✎：向前推动像素。

⑤ "重建工具" ✦：用于恢复变形的图像。

⑥ "冻结蒙版工具" ▨：使用该工具涂抹的地方不会产生变形效果，起到局部保护的作用。

⑦ "解冻蒙版工具" ▧：用来解除冻结区域。

⑧ "脸部工具" ⌂：可以检测人脸部的局部特征，通过调整参数来达到面部特征化的效果。

图 7-2-31　液化滤镜效果

⑨ "平滑工具" ◢：使图像产生平滑效果。

⑩ "左推工具" ▦：实现向左压低鼠标经过的图像，向右抬高图像的效果。

液化滤镜效果如图 7-2-31 所示。

7. 风格化滤镜组

风格化滤镜通过置换像素和查找来增加图像的对比度，生成印象派或绘画的效果，有的滤镜能够实现突出边缘、勾勒彩色图像的效果，如图 7-2-32 所示。

①等高线：查找主要亮度区域的转换，并对每个颜色通道进行亮度区域的勾勒，从而实现与等高线类似的效果。其中"色阶"是用来设置描绘边缘的基准亮度等级。"边缘"用来设置处理图像边缘的位置，以及边界产生的方法，当选择"较低"时，可以在基准亮度等级以下的轮廓生成等高线；当选择"较高"时，则在基准亮度等级以上的轮廓生成等高线。

②查找边缘：用黑色线条勾勒图像的边缘，能够将图像转化成线稿的效果。

③风：让图像实现风吹的效果，主要包括"风""大风"和"飓风"三种，方向有"从左"和"从右"。因此，需要根据想要实现的效果先对图像进行旋转，再添加风滤镜效果。

④浮雕效果：用原填充色描画边缘，用灰色填充选区，从而实现凸起或压低的效果。

⑤扩散：使图像有磨砂玻璃的模糊效果。

⑥拼贴：将图像分解，使选区偏离原来的位置，拼贴之间的区域可以根据需要填充前景色或背景色。

⑦曝光过度：混合正片和负片图像，类似于摄影照片的短暂曝光效果。

⑧凸出：可以实现3D纹理效果，其中用"块"类型创建具有一个方形的正面和四个侧面的对象，用"金字塔"类型创建具有相交于一点的四个三角形侧面（金字塔形）的对象。

⑨油画：使图像产生油画的效果。

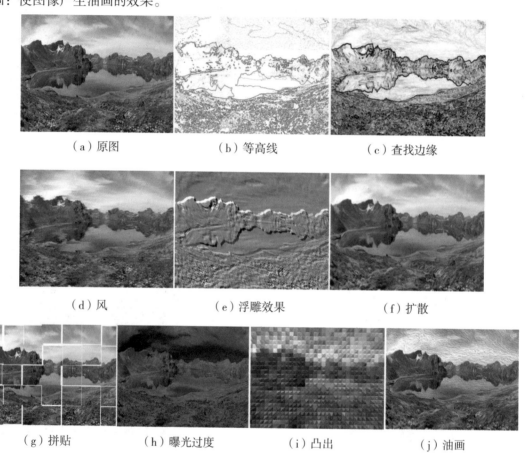

（a）原图　　　　　　　（b）等高线　　　　　　　（c）查找边缘

（d）风　　　　　　　（e）浮雕效果　　　　　　　（f）扩散

（g）拼贴　　　　　（h）曝光过度　　　　　（i）凸出　　　　　（j）油画

图 7-2-32　风格化滤镜组

8. 模糊滤镜组

模糊滤镜通过平衡图像已定义的线条和遮蔽区域边缘，使图像达到柔化模糊效果，如图 7-2-33 所示。

①表面模糊：在模糊图像的同时保护边缘。表面模糊中的"半径"是指模糊取样区域的大小。

②动感模糊：沿着指定角度及强度进行模糊，类似于给一个移动的对象拍照。

③方框模糊：基于相邻像素的平均颜色值来模糊图像，半径越大，模糊强度越高。

④高斯模糊：使用高斯模糊后，图像整体都会形成一个模糊效果，不区分边界。高斯模糊中的"半径"以像素为单位进行模糊，数值越大，产生的效果越模糊。

⑤径向模糊：产生旋转模糊的效果。

⑥镜头模糊：产生景深效果，使图像中的一些区域在焦点内，其他区域变模糊。

⑦特殊模糊：通过半径、阈值及模糊品质来精确模糊图像。可以通过"仅限边缘"和"叠加边缘"达到对边缘应用黑白混合或应用白色的边缘效果。

⑧形状模糊：在"形状模糊"对话框中可以从自定义形状中选取一种形状作为内核来创建模糊效果。

| （a）表面模糊 | （b）动感模糊 | （c）方框模糊 | （d）高斯模糊 |

| （e）径向模糊 | （f）镜头模糊 | （g）特殊模糊 | （h）形状模糊 |

图 7-2-33　模糊滤镜组

9. 模糊画廊滤镜组

模糊画廊滤镜可以对整个图像进行模糊，达到一定的艺术效果，如图 7-2-34 所示。

①场景模糊：对整幅图像场景进行模糊，模糊后的图像通常可作为背景图。

②光圈模糊：可以对光圈外的图像产生模糊效果。

③移轴模糊：通过移动或旋转水平轴产生一定的矩形区域，区域外模糊。

④路径模糊：按住拖动的路径进行模糊。

⑤旋转模糊：旋转区域产生模糊效果。

| （a）场景模糊 | （b）光圈模糊 | （c）移轴模糊 | （d）路径模糊 | （e）旋转模糊 |

图 7-2-34　模糊画廊滤镜组

10. 扭曲滤镜组

扭曲滤镜可对图像进行几何扭曲变形，产生水波、挤压、旋转等效果，如图 7-2-35 所示。

①波浪扭曲：可使整幅图像或选定区域产生波浪效果，波浪类型有正弦、三角形和方形。

②波纹扭曲：只能使选定区域产生波纹的效果。

③极坐标扭曲：通过从平面坐标到极坐标或从极坐标到平面坐标产生圆柱变形的扭曲效果。

④挤压扭曲：可产生正值向中间挤压、负值膨胀的扭曲效果。

⑤旋转扭曲：使图像产生旋转扭曲的效果。

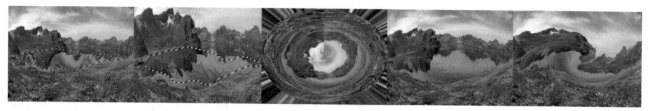

（a）波浪扭曲　　　（b）波纹扭曲　　　（c）极坐标扭曲　　　（d）挤压扭曲　　　（e）旋转扭曲

图 7-2-35　扭曲滤镜组

11. 像素化滤镜组

像素化滤镜通过使单元格中颜色值相近的像素结成块来得到像素化的图像效果，如图 7-2-36 所示。

① 彩色半调：对每个通道将图像划分为矩形，用圆形替换每个矩形，产生半调网屏的效果。

② 点状化：将图像中的颜色分解为随机分布的网点，并使用背景色填充网点间的画布。

③ 马赛克：像素结成方形块。

④ 碎片：创建选区中像素的 4 个副本，将它们平均，并将其相互偏移。

⑤ 铜版雕刻：将图像转换为黑白区域的随机图案，如果是彩色图像则产生完全饱和颜色的随机图案效果。

（a）彩色半调　　　　（b）点状化　　　　（c）马赛克　　　　（d）碎片　　　　（e）铜版雕刻

图 7-2-36　像素化滤镜组

12. 渲染滤镜组

渲染滤镜组包括分层云彩、光照效果、镜头光晕等。

13. 杂色滤镜组

杂色滤镜可以添加或移除杂色或带有随机分布色阶的像素，从而产生特殊的纹理效果，可用于制作木纹。

岗位知识储备——书
籍设计的基本常识

技能拓展

➡ 知识树

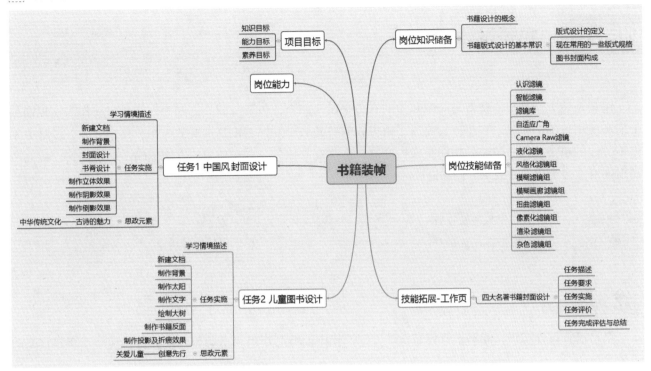

➡ 习题

1. 如果扫描的图像不够清晰，可用下列（　　）滤镜弥补。

　　A. 噪音　　　　　　　　B. 风格化　　　　　　　C. 锐化　　　　　　　D. 扭曲

2.Photoshop 中，当图像是（　　）模式时，所有的滤镜都不可以使用。

　　A.CMYK　　　　　　　B. 灰度　　　　　　　　C. 多通道　　　　　　D. 索引颜色

3.Photoshop 中，选择"滤镜→纹理→纹理化"命令，弹出"纹理化"对话框，在"纹理"后面的弹出菜单中选择"载入纹理"可以载入和使用其他图像作为纹理效果。所有载入的纹理必须是（　　）格式。

　　A.JPEG　　　　　　　B.PSD　　　　　　　　C.BMP　　　　　　　D.TIFF

4.Photoshop 中，滤镜不能应用位图模式、索引颜色和 16 位通道图像的说法是（　　）的。

　　A. 正确　　　　　　　　B. 错误

➡ 课堂笔记

　　包装是建立产品与消费者之间亲和力的有力手段。如今，包装与商品已融为一体。包装作为实现商品价值和使用价值的手段，在生产、流通、销售和消费领域中发挥着极其重要的作用，是企业界、设计方不得不关注的重要课题。包装的功能是保护商品、传达商品信息、方便使用、方便运输、促进销售、提高产品附加值。今天我们就来学习包装设计。

- 任务 1　　盒装食品包装设计
- 任务 2　　袋装食品包装设计

 **岗位能力**

　　熟悉包装设计知识，能够进行包装设计，在工作中能够制作出与主题相匹配的盒装食品与袋装食品的包装。

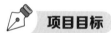 **项目目标**

1. 知识目标
① 掌握图层的类型及特点。
② 会用图章工具组的相关工具。
③ 会用修复工具组的相关工具。

2. 能力目标
① 能灵活运用图层来进行图像的合成。
② 会使用画笔、钢笔工具、形状工具组的工具绘制形状。

3. 素养目标
① 在制作食品包装的过程中，增强文化自信。
② 提升审美及创意能力，增强团队意识。

任务 1　盒装食品包装设计

 学习情境描述

　　端午节是流行于中国的传统文化节日，传说战国时期的楚国诗人屈原在五月初五跳汨罗江自尽，后人亦将端午节作为纪念屈原的节日。端午节蕴含着深邃丰厚的文化内涵，在传承发展中杂糅了多种民俗于一体。端午节一般有吃粽子的习俗，本次任务主要是学习制作"粽香情浓"盒装食品包装设计，效果如图 8-1-1 所示。

图 8-1-1　"粽香情浓"盒装食品包装设计效果图

 操作步骤指引

1. 新建文件

选择"文件→新建"命令，新建一个文件，文件名为"粽香情浓"，宽度为 850 像素，高度为 640 像素，分辨率为 72 像素 / 英寸，颜色模式为 RGB 颜色，背景内容为白色，单击"创建"按钮，如图 8-1-2 所示。

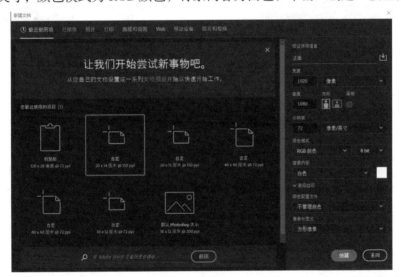

图 8-1-2　"新建文档"对话框

2. 制作平面效果

① 打开素材"竹子"，将其移到新建文件中，调整大小和位置。

② 单击工具箱中的"橡皮擦工具"，在属性栏中设置合适大小的画笔主直径，将硬度调至最小。在竹子右侧拖动，使之与背景融合。效果如图 8-1-3 所示。

图 8-1-3　添加竹子制作背景效果

图 8-1-4　添加粽子素材

③打开素材"粽子",将其移到新建文件中,调整其大小和位置,单击"添加图层蒙版"按钮添加图层蒙版,选择画笔工具,设置前景色为黑色,在画笔工具的属性栏设置合适大小的画笔主直径,降低画笔硬度,在蒙版上拖动制作如图 8-1-4 所示的柔化效果。

④选择横排文字工具,设置大小为 100 点,颜色为红色,输入文字"粽香情浓"。单击"图层"面板底部的"添加图层样式"按钮,在下拉菜单中选择"描边",弹出"图层样式"对话框,设置"描边大小"为 1 像素,颜色为黑色。

⑤打开素材"粽子 2",使用"磁性套索工具"选取粽子,将其移到新建文件文字右侧,调整其大小和位置,效果如图 8-1-5 所示。

图 8-1-5 正面效果图

图 8-1-6 展开效果图

⑥按【Ctrl+Shift+Alt+E】盖印所有可见图层,生成新图层,并改名为"平面"。

3. 制作立体效果

① 新建文件,设置宽度为 40 厘米,高度为 40 厘米,分辨率为 72 像素 / 英寸。

② 打开平面效果"平面 .jpg",将其复制到主窗口中,在"图层"面板中将新增图层命名为"正面"。

③ 新建图层并命名为"顶面",选择"矩形选框工具"创建与正面宽度相等、高度为 120 像素的选区。选择"渐变工具",渐变方式选择"线性渐变",在选区内由上往下拖动,进行由浅绿色到深绿色的渐变效果填充。新建图层改名为"侧面",然后用同样的方法制作侧面效果,效果如图 8-1-6 所示。

④选择"顶面"图层,按【Ctrl+T】键进行斜切变换;再选择"侧面"图层进行斜切变换。选择"正面"图层进行变换,变换后的效果如图 8-1-7 所示。

图 8-1-7 立体效果

图 8-1-8 添加高光效果

⑤ 新建图层命名为"高光",选择画笔工具,设置前景色为白色,画笔主直径为 12 像素,在边缘上拖动绘制直线,调整图层不透明度为 60 %,制作高光效果如图 8-1-8 所示。

⑥ 创建新图层并改名为"绳子前",单击工具箱中的"钢笔工具",在属性栏中选择"路径",在盒子上边缘绘制曲线。选择"画笔工具",设置画笔主直径为 12 像素,前景色为棕色,单击"路径"面板底部的"用前景色描边路径"按钮对路径描边。设置前景色为深棕色,在绳子与盒子接触的位置画两个黑点。

复制绳子图层，将其移至背景层上方。最终效果如图 8-1-1 所示。

 岗位技能储备——盒装包装设计的技能要点

修复工具组主要是对图像的瑕疵进行修复，包括污点修复画笔工具、修复画笔工具、修补工具、内容感知移动工具、红眼工具，如图 8-1-9 所示。

图 8-1-9　修复工具组

1. 污点修复画笔工具

使用污点修复画笔工具可以消除图像中小的污点，使用时无需设置取样点，直接在需要修复的区域单击，即可自动从周围进行取样，其属性栏如图 8-1-10 所示。

图 8-1-10　污点修复画笔工具属性栏

修复类型共有三种，分别是内容识别、创建纹理和近似匹配。

①内容识别：该选项为智能修复方式，使用选区周围的像素进行修复，可快速修复图像中小的缺陷。操作方法如下。

a. 选择"污点修复画笔工具"，设置画笔主直径略大于污点，选择修复类型为"内容识别"。

b. 在污点处单击，即可消除污点。

②创建纹理：使用选区内的像素创建修复该区域的纹理来进行修复。

③近似匹配：从选区周围的像素取样，对选区内的图像进行修复。

2. 修复画笔工具

修复画笔工具可通过初始采样点或预定义的图案来修复图像中的瑕疵。修复时可将样本像素的纹理、光照和阴影与修复的像素进行匹配，从而使修复后的像素不留痕迹地融入图像的其他部分。其属性栏如图 8-1-11 所示。

图 8-1-11　修复画笔工具属性栏

"源"：有"取样"和"图案"两个选项，用来设置修复图像的来源。选择"取样"可用取样点确定的图像来进行修复；选择"图案"，可在"图案"下拉列表选择图案来进行修复。

"对齐"：勾选复选框，采样区域仅应用一次，中止操作后再继续复制操作时，可从中止的位置继续复制；若未勾选复选框，则中止操作后再继续复制时，从初始采样点开始复制。

操作方法如下。

① 选择"修复画笔工具"，在属性栏设置画笔大小及形状，选择"取样"作为修复源，按【Alt】键单击取样，如图 8-1-12 所示。

② 在要修复的位置拖动鼠标即可修复，效果如图 8-1-13 所示。

图 8-1-12　取样　　　　　　　　　　　　　　图 8-1-13　修复文字后

3. 修补工具

修补工具可以用样本或图案修复图像中有瑕疵的区域。修复时也会将样本像素与源像素进行匹配，其属性栏如图 8-1-14 所示。

图 8-1-14　修补工具属性栏

① "修补"选"正常"：若选择"源"，则为需要修复的区域创建选区，拖到完好的区域进行修复；若选择"目标"，则为完好的区域创建选区，拖到有缺陷的区域进行修复。操作方法如下。

a. 选择"修补工具"，在属性栏设置"修补"为"正常"，类型选择"源"，沿着要修复的区域创建选区，如图 8-1-15 所示。

图 8-1-15　沿着修复区域创建选区　　　　　　　图 8-1-16　拖到目标区域

b. 将鼠标置于选区内，拖动鼠标到完好的区域即可修复，效果如图 8-1-16 所示。

② "修补"选"内容识别"：可用附近的内容进行智能修复，与周围像素进行融合。

4. 内容感知移动工具

使用内容感知移动工具可以选择或移动图像中的一部分，图像将重新组合，留下的区域使用周围的像素进行填充，其属性栏如图 8-1-17 所示。

图 8-1-17　内容感知移动工具属性栏

模式有"扩展"和"移动"两种：使用"移动"模式，可将选中的对象移到不同的位置；使用"扩展"模式，可以实现复制并与周围像素进行融合。

5. 红眼工具

使用红眼工具可快速消除人物红眼,其属性栏如图 8-1-18 所示。

图 8-1-18　红眼工具属性栏

"瞳孔大小"选项设置受红眼工具影响的区域,值越大,受影响的区域越大;"变暗量"设置校正的暗度。操作方法如下:选择"红眼工具",在属性栏设置"瞳孔大小""变暗量",在红眼的瞳孔处单击即可消除红眼。

岗位知识储备——包
装设计的基本常识 1

 中华传统文化——端午节

端午节是中国首个入选世界非物质文化遗产的节日,它不仅清晰地记录着先民丰富多彩的社会文化内容,也积淀着博大精深的历史文化内涵。通过学习传统节日文化知识和体验节日习俗,充分感受端午节的独特魅力和丰富内涵,树立学生文化自信,培养正确的价值观和民族荣誉感。

任务 2　袋装食品包装设计

 学习情境描述

正月十五吃元宵,"元宵"作为食品,在中国由来已久,最早叫"浮元子",后称"元宵",生意人还美其名曰"元宝"。元宵即"汤圆",以白糖、玫瑰、芝麻、豆沙、黄桂、核桃仁、果仁、枣泥等为馅,用糯米粉包成圆形,可荤可素,风味各异,有团圆美满之意,象征热热火火,团团圆圆。本次任务主要学习制作元宵的包装食品袋,如图 8-2-1 所示。

图 8-2-1　袋装食品包装设计效果图

 操作步骤指引

1. 新建文件

选择"文件→新建"命令,新建一个文件,文件名为"汤圆平面",宽度为 20 厘米,高度为 14 厘米,分辨率为 150 像素 / 英寸,颜色模式为 RGB 颜色,背景内容为白色,单击"创建"按钮,如图 8-2-2 所示。

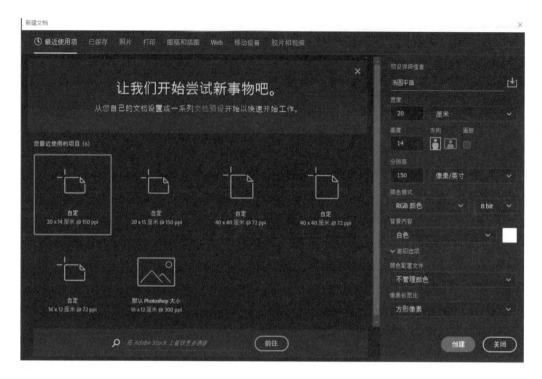

图 8-2-2 "新建文档"对话框

2. 制作平面效果

① 单击"创建新图层"按钮，新建图层，设置前景色为"#a42221"，按【Alt+Delete】键填充，打开素材花纹，将其移到新建文件中，按【Ctrl+T】键调整大小和位置，设置"混合模式"为"变亮"，效果如图 8-2-3 所示。

② 打开素材"汤圆"，将其移到新建文件中，按【Ctrl+T】键调整大小和位置，选择"椭圆选框工具"，按【Shift】键拖动，在中间位置创建圆形选区，单击"图层"面板底部的"添加图层蒙版" ◻ 按钮，再单击"添加图层样式" 𝑓𝑥 按钮选择描边，打开"图层样式"对话框，设置参数如图 8-2-4 所示。制作效果如图 8-2-5 所示。

图 8-2-3 添加花纹背景

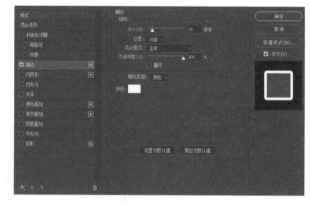

图 8-2-4 "图层样式"对话框

③选择工具箱中的"矩形工具"，在属性栏选择模式为"形状"，"填充"为"渐变填充"，如图 8-2-6 所示，"描边"为白色，"描边宽度"为 5 像素，"描边线型"为实线 描边: ◻ 5 像素 ∨ ── ，在左侧拖动绘制带白色描边的圆角矩形。选择"直排文字工具"，设置字体为"隶书"，大小为 16 点，颜色为白色，在圆角矩形内输入文字"黑芝麻汤圆"。选择"横排文字工具"，设置字体为"隶书"，大小为 30 点，颜色为白色，在右下方输入文字"净含量:200g"，效果如图 8-2-7 所示。

图 8-2-5　添加图层蒙版

图 8-2-6　填充设置参数

④打开素材"花纹 2"，选择"矩形选框工具"，设置样式为"固定大小"，宽度为 33 像素，高度为 33 像素，在图像中为一个花纹创建选区。执行"编辑→定义图案"命令，打开"定义图案"对话框，输入名称"花纹"，单击"确定"。选择"矩形选框工具"在左侧创建宽度为 35 像素的选区。选择"图案图章工具" ，在属性栏图案下拉列表中选择刚刚定义的图案"花纹"，取消勾选"对齐"复选框，在选区内拖动填充图案制作花边效果，弹出"图层样式"对话框，设置"描边大小"为 1 像素，颜色为黑色。效果如图 8-2-8 所示。

图 8-2-7　添加文字

图 8-2-8　添加花边

⑤按【Ctrl+Shift+Alt+E】盖印生成新图层，并命名为"平面"。

3. 制作立体效果

①新建文件，设置宽度为 20 厘米，高度为 14 厘米，分辨率为 150 像素 / 英寸。

②打开平面效果图"汤圆平面 .psd"，将"平面"图层复制到主窗口中。选择"钢笔工具"，在左侧绘制直线路径。选择"橡皮擦工具" ，在属性栏设置主直径为 12 像素，间距为 113 %。选择路径，按【Alt】键，单击路径面板底部的"用画笔描边路径"  按钮，打开"描边路径"对话框，在"工具"下拉列表中选择"橡皮擦"，单击"确定"制作锯齿状边缘效果。用同样的方法制作右侧锯齿边缘效果。

③选择"钢笔工具"，模式选择"路径"，沿平面轮廓绘制路径，选择"直接选择工具"调整路径形状使其与袋子的轮廓相近，选择路径，按【Ctrl+Enter】键转换为选区，添加图层蒙版。效果如图 8-2-9 所示。

图 8-2-9　制作包装袋形状

图 8-2-10　制作高光区域

④新建图层,选择"套索工具",在属性栏设置羽化值为5像素,在左侧拖动创建选区,设置前景色为白色,按【Alt+Delete】键填充,调整不透明度为13%,制作高光效果。用同样的方法制作其他高光区域,效果如图8-2-10所示。

⑤创建新图层并改名为"阴影",按【Ctrl】键,单击路径面板中的路径将其转换选区,设置前景色为黑色,填充黑色。执行高斯模糊滤镜使其变得模糊,将其移至效果图下方制作阴影。最终效果如图8-2-1所示。

 岗位技能储备——袋装包装设计的技能要点

1. 仿制图章工具

仿制图章工具以初始取样点确定的图像为源进行复制,其属性栏如图8-2-11所示。

图 8-2-11　仿制图章工具属性栏

操作方法如下:选择"仿制图章工具",在属性栏设置画笔主直径,按住【Alt】键进行取样,在其他区域拖动鼠标即可实现复制。

2. 图案图章工具

图案图章工具可使用自定图案或预设的图案进行绘画,其属性栏如图8-2-12所示。

图 8-2-12　图案图章工具属性栏

操作方法如下:选择"图案图章工具",在属性栏设置画笔主直径,在图案下拉列表中选择一个图案,在其他区域拖动鼠标即可实现绘制。

岗位知识储备——包
装设计的基本常识2

 中华传统文化——元宵节

中华优秀传统文化是中华民族的根和魂,是中华民族的血脉,是中华民族的精神标识,也是当代中国特色社会主义核心价值观的思想渊源。作为优秀传统文化的重要载体,传统节日集中体现了中华民族的传统信仰、思想道德、价值观念、行为规范等。元宵节是春节之后的第一个重要传统节日,是一年中第一个月圆之夜,加上元宵节有吃"汤圆"的习俗,"汤圆"与"团圆"字音相近,取团圆之意,于是,这个节日就和"团圆"两个字牢牢地联系起来,象征团团圆圆、和睦幸福,寄托了人们对未来幸福生活的美好愿望和向往。

技能拓展

➡ **知识树**

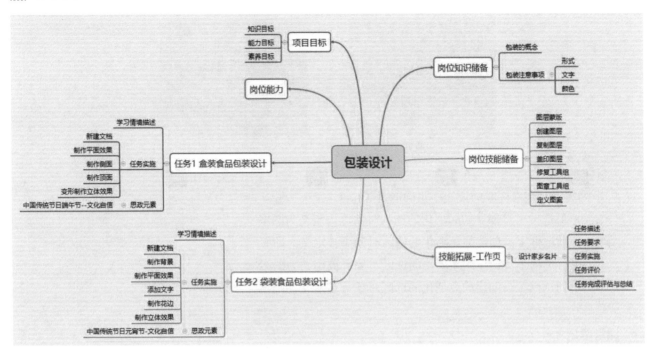

➡ **习题**

1. 在 Photoshop 中，可以将图案填充到选区内的工具是（　　）。

　A. 画笔工具　　　　　　B. 图案图章工具　　　C. 仿制图章工具　　　D. 喷枪工具

2. 在 Photoshop 中，不能使用自定义图案的工具是（　　）。

　A. 红眼工具　　　　　　B. 图案图章工具　　　C. 修补工具　　　　　D. 油漆桶工具

3. 使用"红眼工具"时，最重要的两个选项是（　　）。

　A. 瞳孔大小和变亮量　　　　　　　　B. 瞳孔大小和变暗量

　C. 变暗量和眼睛大小　　　　　　　　D. 眼睛大小和变亮量

4. 要修复图像中面积较大的区域，最好使用（　　）。

　A. 红眼工具　　　　　　　　　　　　B. 修复画笔工具

　C. 污点修复画笔工具　　　　　　　　D. 图案图章工具

5. 下列工具在复制图像的同时，能够进行旋转的是（　　）。

　A. 污点修复画笔工具　　　　　　　　B. 仿制图章工具

　C. 修补工具　　　　　　　　　　　　D. 红眼工具

6. 下列说法错误的是（　　）。

　A. 仿制图章工具需设置取样点才能使用

　B. 图案图章工具是以预先定义的图案为复制对象

　C. 在仿制图章工具属性栏上勾选"对齐"后，一次采样可多次使用

　D. 图案图章工具也可以用自定义图案为复制对象

7. 无需设置样本点就能使用的是（　　）。

　A. 修复画笔工具　　　　　　　　　　B. 修补工具

　C. 污点修复画笔工具　　　　　　　　D. 仿制图章工具

8. 在 Photoshop CS6 中，利用素材图 1 完成图 2 所示的效果，使用的工具是（   ）。

图 1   图 2

A. □   B. □   C. □   D. □

9. 下列关于自定义图案的说法不正确的是（   ）。

 A. 矩形选框工具创建的无羽化的选区对象可被定义为图案

 B. 椭圆选框工具创建的无羽化的选区对象可被定义为图案

 C. 单行选框工具创建的无羽化的选区对象可被定义为图案

 D. 单列选框工具创建的无羽化的选区对象可被定义为图案

➡ **课堂笔记**

随着数码相机和智能手机的普及，摄影摄像逐渐进入我们的日常生活中。一个好的数码作品，不仅依赖于摄像器材及拍摄技术，往往还需要进行后期处理。后期处理可以通过修补缺陷、弥补不足或增加特效，为摄影者提供二次创作的机会和发挥创造力的大舞台，使原本普通的照片变得熠熠生辉。

- 任务1　　海岛晚霞数码照片色彩色调调整
- 任务2　　完美无瑕数码照片处理

 岗位能力

对色彩有较深的理解和控制能力，熟悉色彩调整的方法，能够进行数码照片色彩色调调整，去除人物脸上的痘痘和雀斑，进行人像的磨皮和修饰，实现梦幻般的完美效果。

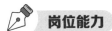 **项目目标**

1. 知识目标

①掌握曲线、色阶、亮度／对比度等色调调整工具的使用。

②掌握色相／饱和度、色彩平衡、自然饱和度等色彩调整工具的使用。

③掌握去除人物脸上的痘痘和雀斑，人像的磨皮和精修技巧。

2. 能力目标

①能够根据需求完成数码照片的色彩色调调整。

②掌握对人像面部进行精修的技巧。

任务1　海岛晚霞数码照片色彩色调调整

 学习情境描述

调色是照片处理中非常重要的内容。如图9-1-1所示的这张海岛晚霞照片构图非常到位，遗憾的是画面整体偏蓝灰，落日的色彩不够鲜明。根据现实中的自然现象，天气晴朗的时候霞光会偏向紫色，当前画面中没有体现。对照片进行调色，完善画面效果，完善后的效果如图9-1-2所示。

 操作步骤指引

①新建文档。执行"文件→打开"命令，打开素材文件"海岛晚霞"，如图9-1-1所示。

图 9-1-1　海岛晚霞原图

图 9-1-2　海岛晚霞效果图

②在图层面板中单击选中"背景"图层，按住鼠标将其拖动至"图层"面板底部的"创建新图层"按钮 回 上，复制得到"背景拷贝"图层。

③打开"调整"面板，如图 9-1-3 所示，单击"创建新的照片滤镜"按钮，打开照片滤镜属性栏并进行设置，如图 9-1-4 所示。使用照片滤镜后的效果如图 9-1-5 所示。

图 9-1-3　"调整"面板

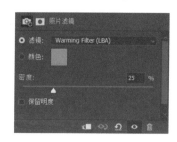

图 9-1-4　照片滤镜

图 9-1-5　使用照片滤镜后的效果

④在"调整"面板中单击"创建新的曲线调整图层"按钮，创建调整层"曲线 1"。打开"曲线"面板，在"曲线"下部的位置选择一个点并向下拖曳，在"曲线"中部稍靠上的位置选择一个点并向下拖曳，如图 9-1-6 所示。添加曲线后的效果如图 9-1-7 所示。

图 9-1-6　"曲线"面板

图 9-1-7　添加曲线后的效果

⑤在"调整"面板中单击"创建新的色阶调整图层"按钮，创建调整层"色阶 1"，在打开的"色阶"面板中拖动白色滑块向左，使其对比度值增大，选项设置如图 9-1-8 所示。添加色阶后的效果如图 9-1-9 所示。

⑥在"调整"面板中单击"创建新的通道混合器调整图层"按钮，创建"通道混合器 1"，在打开的"通道混和器"面板中设置参数，如图 9-1-10 所示。添加通道混合器后的效果如图 9-1-11 所示。

⑦在"调整"面板中单击"创建新的亮度 / 对比度调整图层"按钮，创建"亮度 / 对比度 1"，在打开的面板中设置参数，如图 9-1-12 所示。最终效果如图 9-1-13 所示。

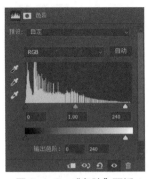

图 9-1-8　"色阶"面板

图 9-1-9　添加色阶后的效果

图 9-1-10　"通道混和器"面板

图 9-1-11　添加通道混合器后的效果

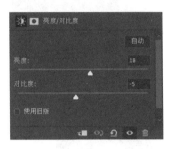

图 9-1-12　"亮度 / 对比度"面板

图 9-1-13　最终效果

 岗位技能储备——数码照片处理的技能要点

在照片的拍摄过程中，很多因素都会直接影响照片的色彩和质量，常常会造成照片的明暗过度，亮度、对比度、饱和度不足等情况。对于这些问题，通过下面的学习，可以轻松快速地解决。

"图像"菜单中包含用于调整色调和颜色的各种命令，如图 9-1-14 所示。其中一部分常用命令也通过"调整"面板提供给用户，如图 9-1-15 所示。因此，可以通过这两种方式来使用调整命令，第一种是直接用"图像"菜单中的命令来处理图像，第二种是使用调整图层（图 9-1-16）来应用这些调整命令。这两种方式可以达到相同的调整结果。它们的不同之处在于，"图像"菜单中的命令会修改图像的像素，而调整图层则不会修改像素，它是一种非破坏性的调整功能。

1. 色调调整

要实现图像色彩色调的精确调整，可使用"图像→调整"菜单下的命令或调整图层来进行调整，添加调整图层后，会自动打开相应的"属性"面板。

（1）"亮度 / 对比度"命令

"亮度 / 对比度"命令对图像的亮度和对比度进行直接的调整，不考虑图像中各通道颜色，是对图像进行整体的调整。使用该命令可以很方便地调整图像的亮度和对比度。在"亮度 / 对比度"对话框中，可通过输入数值或拖动滑块改变数值。"亮度"输入数值为负数，图像亮度降低，输入数值为正数，图像亮度提高，输入数值为 0，图像无变化。"对比度"输入数值为负数，图像对比度降低，输入数值为正数，图像对比度提高，输入数值为 0，图像无变化。

具体操作方法：通过分析素材图像"荷花 .jpg"的直方图，波峰偏左，暗部像素较多，调整时应提高亮度。单击"调整"面板的"创建新的亮度 / 对比度调整图层"按钮，提高亮度，减少对比度，其参数设置如图 9-1-17 所示，调整后的效果如图 9-1-18 所示。

图 9-1-14 "调整"菜单命令　　　图 9-1-15 "调整"面板　　　图 9-1-16 调整图层菜单命令

图 9-1-17 参数设置　　　图 9-1-18 调整后的效果　　　图 9-1-19 "向日葵.jpg"

注意：该命令是对图像的每个像素都进行平均调整，对单个通道不起作用，所以会导致图像细节的丢失，高质量输出时应避免使用。

（2）"色阶"命令

"色阶"命令是一个非常强大的颜色和色调调整命令，可以对图像的阴影、中间调和高光，包括反差、明暗和图像层次进行调整，从而校正图像的色调及色彩平衡；还可以对单个通道进行调整，以校正图像的色彩。

具体操作方法：打开"向日葵.jpg"，如图 9-1-19 所示，选择"图像→调整→色阶"命令（快捷键【Ctrl+L】），弹出"色阶"对话框，如图 9-1-20 所示。

①方法一：利用三个滑块调整。拖动左侧的黑色滑块向右至直方图波形左端白色边界，调整阴影，输入色阶数值 35，图像的亮部色调变暗；拖动白色滑块向左至直方图波形右端白色边界，调整高光，输入色阶数值 206，高光区域发生变化，画面逐渐变亮；拖动中间的灰色滑块向右，中间亮度的区域发生变化，如图 9-1-21 所示，调整后的效果如图 9-1-22 所示。

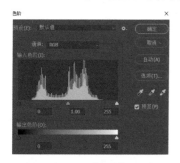

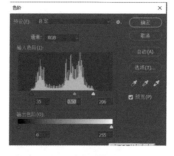

图 9-1-20 "色阶"对话框　　　图 9-1-21 "色阶"参数设置　　　图 9-1-22 向日葵最终效果

②方法二：利用三个吸管调整。选择对话框中的黑色吸管 ，在图像中最暗的区域单击，确定黑场；选择白色吸管 ，在图像的最亮位置单击，确定白场；选择灰色吸管 ，在图像的中间亮度的位置单击，确定灰场；用三个吸管分别进行调整，观察图像发生的色调或色彩的变化，至效果满意时单击"确定"按钮。

（3）"曲线"命令

该命令具备最强大的调整颜色和色调功能，它整合了"色阶""阈值"和"亮度 / 对比度"等多个命令功能，是使用较频繁的调整命令之一，通过调整曲线形状，可以综合调整图像的亮度、对比度和色彩，对图像的色调进行最精确的调整。

"曲线"的横坐标是原来的亮度，纵坐标是调整后的亮度。在未做调整时，"曲线"是直线形的，而且是 45° 的，"曲线"上任何一点的横坐标和纵坐标都相等，这意味着调整前的亮度和调整后的亮度一样，也就是没有调整。在向线条添加控制点并移动时，"曲线"的形状会发生变化，图像的色调也随之改变。对于 RGB 图像，向左、向上拖动，会使图像变亮；向右、向下拖动，会使图像变暗。曲线中较陡的区域，表示对比度较强。

在如图 9-1-23 所示的图像中，利用"曲线"命令，将灰蒙蒙的画面调整为如图 9-1-24 所示具有视觉冲击的黄金色调。具体操作方法如下。

①打开图像"郁金香 .jpg"，单击"图层"面板底部的"创建新的填充或调整图层"按钮，从弹出的菜单中选择"曲线"命令，属性面板中显示"曲线"选项。

②从"预设"下拉列表框中选择"中对比度（ RGB ）"选项，增大图像的对比度；从"通道"下拉列表框中选择"红"通道，在面板左侧工具栏中选择"曲线"，在曲线上单击并向上拖动，使之向左上方弯曲，使红色变亮；选择"蓝"通道，在曲线上单击并向下拖动，使之向右下方弯曲，使蓝色变暗（黄色加强），如图 9-1-25 所示。

图 9-1-23　原图

图 9-1-24　调整后的效果

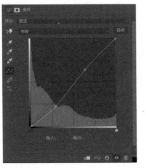
图 9-1-25　"曲线"面板

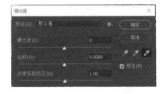
图 9-1-26　"曝光度"对话框

（4）"曝光度"命令

"曝光度"命令是对画面的曝光度进行调整，影响的是整个图像，提升画面的整体效果。"曝光度"命令的原理是模拟数码相机内部的曝光程序对图片进行二次曝光处理，一般用于调整相机拍摄的曝光不足或曝光过度的照片。

"曝光度"命令可以通过菜单中的"图像→调整→曝光度"（快捷键【Alt+I+J+E】）执行，进入"曝光度"对话框，有三个参数可供调整，即曝光度、位移、灰度系数校正，如图 9-1-26 所示。

（5）"阴影 / 高光"命令

"阴影 / 高光"命令可以单独对画面中的阴影区域以及高光区域的明暗进行调整。在调整阴影区时，对高光影响很小，而调整高光区时，对阴影影响很小。该命令常用于解决由于图像过暗造成的暗部细节缺失，以及图像过亮导致的亮部细节不明确等问题，可快速调整图像曝光过度或曝光不足的区域的对比度，同时保持照片色彩的平衡。

执行"图像→调整→阴影/高光"菜单命令,打开"阴影/高光"对话框,默认情况下只显示"阴影"和"高光"两个数值。增大阴影数值可以使画面暗部区域变亮。而增大"高光"数值则可以使画面亮部区域变暗。具体的操作方法如下。

①打开素材图像"画.jpg",选择"图像→调整→阴影/高光"命令,打开"阴影/高光"对话框。

②只调整"阴影"的"数量"滑块,设置参数如图9-1-27所示,得到如图9-1-28所示的图像效果。

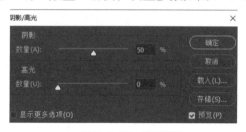

图 9-1-27　阴影调整

图 9-1-28　阴影调整效果

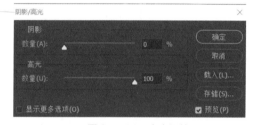

图 9-1-29　高光调整

图 9-1-30　高光调整效果

③如果只调整"高光"的"数量"滑块,设置参数如图9-1-29所示,将得到如图9-1-30所示的图像效果。

2. 色彩调整

图像的色彩调整是图像编辑中的重要环节之一,很多优秀的作品往往就是由于其有出色的色彩。一幅图像视觉效果的好坏与图像的色彩密切相关。

(1)"自然饱和度"命令

使用该命令可快速调整图像的饱和度,并且可以在增加饱和度的同时有效地防止颜色因过于饱和而出现溢色,对于调整人像非常有用,可防止肤色过度饱和。

具体的操作方法如下。

①打开素材图像"姑娘.jpg",选择菜单"图像→调整→自然饱和度"命令,打开"自然饱和度"对话框,向右拖动"自然饱和度"滑块,数值为78,如图9-1-31所示,调整后的效果如图9-1-32所示。

图 9-1-31　调整"自然饱和度"

图 9-1-32　调整"自然饱和度"后的效果

②如果拖动"饱和度"滑块向右,数值为78,如图9-1-33所示,调整后的效果将如图9-1-34所示,可发现女孩头发、面部的颜色变得鲜艳。

图 9-1-33　调整"饱和度"　　　　　　　　　图 9-1-34　调整"饱和度"后的效果

（2）"色相／饱和度"命令

使用该命令可以调整整个图像或图像中单个颜色分量的色相、饱和度和亮度值。通过菜单"图像→调整→色相饱和度"命令（快捷键【Ctrl+U】），打开"色相／饱和度"对话框，如图 9-1-35 所示；或者单击"调整"面板的"创建新的色相／饱和度调整图层"按钮，在"属性"面板中显示"色相／饱和度"选项。

具体的操作方法如下。

①打开图像"女孩.jpg"，如图 9-1-36 所示，选择菜单"图像→调整→色相饱和度"命令（快捷键【Ctrl+U】），打开"色相／饱和度"对话框；或者单击"调整"面板的"创建新的色相／饱和度调整图层"按钮，在"属性"面板中显示"色相／饱和度"选项，分别拖动色相、饱和度、明度滑块，调至衣服颜色变为淡黄色，参数设置如图 9-1-37 所示。

图 9-1-35　"色相／饱和度"对话框　　　　图 9-1-36　女孩原图　　　　图 9-1-37　"色相／饱和度"参数设置

②单击"属性"面板上的按钮，在小女孩的脸上单击并向左拖动，降低皮肤颜色范围的饱和度，按住【Ctrl】键在小女孩的脸上单击并向左拖动，降低皮肤颜色范围的色相，此时"属性"面板中的"全图"自动改为"红色"，参数调整如图 9-1-38 所示，调整后的图像效果如图 9-1-39 所示。

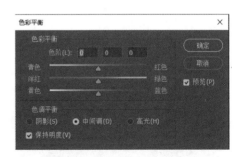

图 9-1-38　"色相／饱和度"参数调整　　　图 9-1-39　最终效果图　　　　图 9-1-40　"色彩平衡"对话框

（3）"色彩平衡"命令

"色彩平衡"命令可以更改图像的总体颜色混合，并且在阴影区、中间调区和高光区通过控制各个单色的成分来平衡图像的色彩。该命令是根据颜色的补色原理，控制图像颜色的分布。根据颜色之间的互补关系，要减少某个颜色就增加这种颜色的补色。所以可以利用"色彩平衡"命令进行偏色问题的校正。

在菜单栏中选择"图像→调整→色彩平衡"命令或按【Ctrl+B】键打开"色彩平衡"对话框，如图 9-1-40 所示；或者单击"调整"面板的"创建新的色彩平衡调整图层"按钮，在"属性"面板中显示"色彩平衡"选项。

具体的操作方法如下。

①打开图像"枫叶. jpg"，如图 9-1-41 所示，添加"色彩平衡"调整图层。

②在"色调"下拉列表框中选择"中间调"，将滑块拖向要在图像中增加的红色和黄色，如图 9-1-42 所示。

③在"色调"下拉列表框中选择"阴影"，再次拖动滑块增加红色和黄色，参数设置如图 9-1-43 所示，此时图像中原来黄绿色的枫叶变成绚丽的金黄色和红色，如图 9-1-44 所示。

提示：选中"保留明度"复选项，可保持图像色调不变，防止亮度值随颜色的改变而改变。

图 9-1-41 枫叶原图

图 9-1-42 "色彩平衡"调整图层

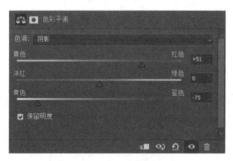

图 9-1-43 "色彩平衡"参数

图 9-1-44 枫叶最终效果

（4）"照片滤镜"命令

该命令通过模拟传统光学滤镜特效，使图像产生明显的颜色倾向，可使照片呈现暖色调、冷色调或其他色调。

执行"图像→调整→照片滤镜"菜单命令，打开"照片滤镜"对话框，如图 9-1-45 所示。在"滤镜"下拉列表中可以选择一种预设的效果应用到图像中，例如选择"冷却滤镜"，此时图像变为冷调。执行"图层→新建调整图层→照片滤镜"命令，可以创建一个"照片滤镜"调整图层。

具体操作方法如下。

①打开素材图像"风景. jpg"，如图 9-1-46 所示，选择菜单"图像→调整→照片滤镜"命令，弹出"照片滤镜"对话框。

图 9-1-45 "照片滤镜"对话框

图 9-1-46 风景原图

图 9-1-47 "照片滤镜"参数设置

②从"滤镜"下拉列表框中选择"Warming Filter（85）"，调整浓度，参数如图9-1-47所示，调整后的效果如图9-1-48所示。

（5）"通道混合器"命令

"通道混合器"适用于调整图像的单一颜色通道，可以将图像中的颜色通道相互混合，对目标颜色通道进行调整和修复，以创建出各种不同色调的图像；也可以用来创建高品质的灰度图像。"通道混合器"常用于偏色图像的校正。

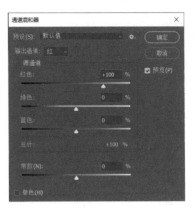

图9-1-48　风景调整后的效果　　　　图9-1-49　"通道混和器"对话框

执行"图像→调整→通道混合器"菜单命令，打开"通道混和器"对话框，如图9-1-49所示，首先在"输出通道"列表中选择需要处理的通道，然后调整各个颜色滑块；也可以执行"图层→新建调整图层→通道混合器"命令，创建"通道混和器"调整图层。

具体操作方法如下。

①打开素材图像"大自然.jpg"，添加"通道混和器"调整图层。

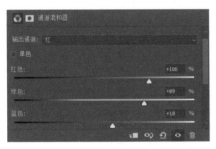

图9-1-50　"通道混和器"调整参数　　　图9-1-51　调整后的效果　　　图9-1-52　"替换颜色"对话框

②在其"属性"面板中的"输出通道"下拉列表框中选择"红"，向右拖动"绿色"滑块以增加绿色，向右拖动"蓝色"以增加蓝色，如图9-1-50所示，可以得到紫红色调的效果，如图9-1-51所示。

（6）"替换颜色"命令

使用"替换颜色"命令，可以将图像中选择的颜色用其他颜色替换；也可以对选中颜色的色相、饱和度、亮度进行调整。执行"图像→调整→替换颜色"菜单命令，打开"替换颜色"对话框，如图9-1-52所示。

具体操作方法如下。

①打开素材图像"花.jpg"，选择"图像→调整→替换颜色"命令，弹出"替换颜色"对话框。

②首先需要在画面中取样，以设置需要替换的颜色。用"吸管工具"在图像中花朵上单击，同时在选区缩略图中会显示选中的颜色区域（白色表示选中，黑色表示未选中），也就是会被替换的部分，在拾取需要替换的颜色时，可以配合容差值进行调整。如果有未选中的位置，可以使用"添加到取样"工具在未选中的位置单击。如果有位置被多选，可以使用"从取样中减去"进行调整，至要调整的颜色全部选中为止。

③在对话框下方拖动各滑块，调整色相、饱和度、明度，"结果"色块显示着替换后的颜色效果，设置完成后单击"确定"按钮，此时花朵颜色被替换成橘黄色，参数设置如图 9-1-53 所示，调整后的效果如图 9-1-54 所示。

提示：该命令使用较为方便但不够精确，若要实现颜色精准替换可配合选区或蒙版。

图 9-1-53　"替换颜色"参数设置

图 9-1-54　调整后的效果

（7）"可选颜色"命令

"可选颜色"命令可以对图像中各种色彩的数量进行有针对性的修改，而不影响其他原色，可以用来校正色彩不平衡问题和调整颜色。该命令比较适合于 CMYK 色彩模式，它能增加或减少青色、洋红、黄色和黑色油墨的百分比。

执行"图像→调整→可选颜色"菜单命令，打开"可选颜色"对话框，如图 9-1-55 所示；也可以执行"图层→新建调整图层→可选颜色"命令，创建一个"可选颜色"调整图层。

"颜色"：用来设置图像中要改变的颜色，单击下拉列表按钮，在弹出的下拉列表中选择要改变的颜色；设置的参数越小，颜色越淡，参数越大，颜色越浓。

"方法"：用来设置墨水的量，包括"相对"和"绝对"两个选项。"相对"是指按照调整后总量的百分比来改现有的青色、洋红、黄色或黑色的量，该选项不能调整纯反白光，因为它不包含颜色成分。"绝对"是指采用绝对值来调整颜色。

具体操作方法如下。

①打开素材图像"花.jpg"，添加"可选颜色"调整图层。

②在"颜色"下拉列表框中选择"洋红"，向左拖动"洋红"滑块，玫红的花朵变皮粉色，而其他颜色没有发生变化；再向右拖动"黄色"滑块，花朵呈现粉中带黄，参数如图 9-1-56 所示。最终效果如图 9-1-57 所示。

图 9-1-55　"可选颜色"对话框

图 9-1-56　"可选颜色"调整参数

图 9-1-57　"可选颜色"调整效果

3. 特殊色彩色调控制

在"图像"菜单中，还有一部分命令能够调整出特殊的色调，主要有"去色""黑白""反相""色调分离""阈值""渐变映射""颜色查找""HDR 色调""色调均化"等命令。

（1）"去色"命令

"去色"命令是将彩色图像转换为灰度图像，但图像的颜色模式保持不变。使用该命令无须设置任何参数，可以将图像中的颜色去掉，使其成为灰度图像。

具体操作方法如下。

①打开素材图像"可爱宝宝．jpg"，如图9-1-58所示。

②选择菜单"图像→调整→去色"命令（快捷键【Shift+Ctrl+U】），即可将图像调整为如图9-1-59所示的灰度图像。

（2）"黑白"命令

使用"黑白"命令可以将彩色图像转换为灰度图像，也可将图像调整为单一色彩的彩色图像。"黑白"命令可以去除画面中的色彩，将图像转换为黑白效果，在转换为黑白效果后还可以对画面中每种颜色的明暗程度进行调整。

执行"图像→调整→黑白"菜单命令（快捷键【Alt+Shift+Ctrl+B】），打开"黑白"对话框，如图9-1-60所示，在这里可以对各个颜色的数值进行调整，以设置各个颜色转换为灰度后的明暗程度。

图9-1-58　原图

图9-1-59　去色效果

图9-1-60　"黑白"对话框

图9-1-61　"黑白"对话框参数设置

图9-1-62　黑白效果

具体操作方法如下。

打开素材图像"可爱宝宝．jpg"，选择"图像→调整→黑白"命令，打开"黑白"对话框，按图9-1-61进行参数设置，可得到如图9-1-62所示的效果。

（3）"反相"命令

使用该命令可以将图像中所有像素的颜色变成其互补色，产生照相底片的效果。连续执行两次"反相"命令，图像将还原。该命令常用来制作一些反转效果的图像。"反相"命令的最大特点就是将所有颜色都以它相反的颜色显示，即红变绿、黄变蓝、黑变白。

执行"图层→调整→反相"命令（快捷键【Ctrl+I】），即可得到反相效果，"反相"命令是一个可以逆向操作的命令。执行"图层→新建调整图层→反相"命令，创建一个"反相"调整图层。

对图 9-1-62 所示的图像执行"图像→调整→反相"命令（快捷键【Ctrl + I】）后，图像即转变成负片效果，如图 9-1-63 所示。

（4）"色调分离"命令

"色调分离"命令可以通过为图像设定色调数目以减少图像的色彩数量。图像中多余的颜色会映射到最接近的匹配级别。

执行"图层→调整→色调分离"命令，打开"色调分离"对话框。在"色调分离"对话框中可以进行"色阶"数量的设置，图像的色调数由"色阶"值控制。"色阶"值越小，分离的色调越多，图像变化越剧烈，图像中的色块效应越明显；"色阶"值越大，保留的图像细节就越多。执行"图层→新建调整图层→色调分离"命令，可以创建一个"色调分离"调整图层。

图 9-1-63　反相效果

图 9-1-64　"色调分离"对话框

图 9-1-65　色调分离效果

打开素材图像"可爱宝宝.jpg"，选择"图像→调整→色调分离"命令，打开如图 9-1-64 所示的"色调分离"对话框，设置后得到色调分离的效果，如图 9-1-65 所示。

（5）"阈值"命令

"阈值"命令可以将灰度图像或彩色图像变成只有黑、白两种色调的图像。使用该命令制作一些高反差的图像，能把图像中的每个像素转换为黑色或白色。

执行"图层→调整→阈值"命令，打开"阈值"对话框。"阈值色阶"数值可以指定一个色阶作为阈值，"阈值色阶"控制着图像色调的黑白分界位置，高于当前色阶的像素都将变为白色，低于当前色阶的像素都将变为黑色。"阈值色阶"的值越大，黑色像素分布越广；反之，白色像素分布越广。

具体操作方法如下。

①打开素材图像"可爱宝宝.jpg"，选择"图像→调整→阈值"命令后，打开"阈值"对话框，设置"阈值色阶"的值，如图 9-1-66 所示。

②得到只有黑白两种色调的图像，如图 9-1-67 所示。

图 9-1-66　"阈值"属性设置

图 9-1-67　"阈值"调整效果

（6）"渐变映射"命令

"渐变映射"命令可以将渐变色映射到图像上，在映射过程中，先将图像转换为灰度图像，然后设置一个渐变，将渐变中的颜色按照图像的灰度范围一一映射到图像中，使图像只保留渐变中存在的颜色。

执行"图像→调整→渐变映射"菜单命令，打开"渐变映射"对话框。单击"灰度映射所用的渐变"，打开"渐变编辑器"对话框，在该对话框中可以选择或重新编辑一种渐变应用到图像上。执行"图层→新建调整图层→渐变映射"命令，创建一个"渐变映射"调整图层。

具体的操作方法如下。

① 打开素材图像"山水 .jpg"，如图 9-1-68 所示，选择"图像→调整→渐变映射"命令，打开"渐变映射"对话框。

② 单击"灰度映射所用的渐变"，在打开的"渐变编辑器"对话框中设置"灰度映射所用的渐变"，在其右侧的预设下拉列表中选择蓝色文件夹下的"蓝色 _03"选项，如图 9-1-69 所示。设置完成后，原图变为蓝色调，如图 9-1-70 所示。

图 9-1-68　山水原图

图 9-1-69　参数设置

图 9-1-70　"渐变映射"效果

（7）"颜色查找"命令

不同的数字图像输入和输出设备都有其特定的色彩空间，这就导致同一幅画面在不同的设备之间传输产生不匹配的现象。颜色查找其实就是一个调色预设，它可以实现高级色彩变化，在几秒钟内就可以创建多个颜色版本，功能比较简单，效果实现非常快速，并且可以结合蒙版和图层的不透明度来精细地影响局部或整体。

执行"图像→调整→颜色查找"命令，打开"颜色查找"对话框，如图 9-1-71 所示。在弹出的窗口中可以从以下方式中选择用于颜色查找的方式：3DLUT 文件、摘要、设备链接。并在每种方式的下拉列表中选择合适的类型，选择完成后可以看到图像整体颜色产生了风格化的变化。

具体的操作方法如下：

打开素材图像"山水 .jpg"，选择"图像→调整→颜色查找"命令，打开"颜色查找"对话框。在对话框中"3DLUT 文件"右侧的预设下拉列表中单击选择"Crisp_Warm.look"预设效果，效果如图 9-1-72 所示。单击选择"摘要"设置框，在"摘要"右侧的预设下拉列表中单击选择"Cobalt-Carmine"预设效果，效果如图 9-1-73 所示。在"设备链接"右侧的预设下拉列表中单击选择"TealMagentaGold"预设效果，图像效果如图 9-1-74 所示。

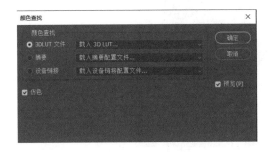
图 9-1-71　"颜色查找"对话框

图 9-1-72　"3DLUT 文件"效果

图 9-1-73　"摘要"效果　　　　　　　　　　　图 9-1-74　"设备链接"效果

（8）"HDR 色调"命令

HDR（High Dynamic Range）是一种高动态范围成像技术。使用该命令可使亮的地方非常亮，暗的地方非常暗，且细节清晰，可以用来修补过亮或过暗的图像。"HDR 色调"命令常用于处理风景照片，可以增强画面亮部和暗部的细节和颜色感，使图像更具有视觉冲击力。

执行"图像→调整→HDR 色调"菜单命令，打开"HDR 色调"对话框，如图 9-1-75 所示，默认的参数增强了图像的细节感和颜色感。

具体的操作方法如下。

① 打开素材图像"山水.jpg"，选择"图像→调整→HDR 色调"命令，打开"HDR 色调"对话框。

② 设置"边缘光""高级"等选项，如图 9-1-76 所示，会发现图像变得非常清晰，水更清，天更蓝，色调调整后的效果如图 9-1-77 所示。

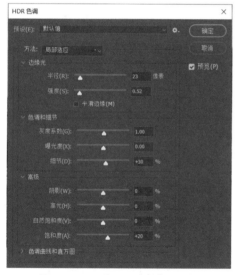

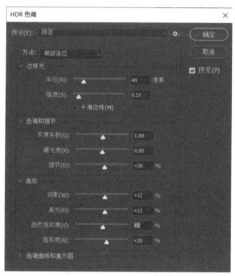

图 9-1-75　"HDR 色调"对话框　　　　　　　　　图 9-1-76　参数设置

图 9-1-77　色调调整后的效果

（9）"色调均化"命令

使用"色调均化"命令能重新调整图像的亮度值，用白色代替图像中最亮的像素，黑色代替图像中最暗的像素，中间的像素均匀分布在整个灰度范围内，从而使图像呈现更均匀的亮度。

具体的操作方法如下。

① 打开素材图像"山水.jpg"，执行"图像→调整→色调均化"，图像均匀地呈现出所有范围的亮度级，效果如图 9-1-78 所示。

② 如果图像中存在选区，执行"色调均化"命令时会弹出一个对话框，用于设置色调均化的选项，如图 9-1-79 所示。如果只想处理选区中的部分，则选择"仅色调均化所选区域"，效果如图 9-1-80 所示。如果选择"基于所选区域色调均化整个图像"，则可以按照选区内的像素明暗，均化整个图像，效果如图 9-1-81 所示。

图 9-1-78   "色调均化"效果

图 9-1-79   "色调均化"对话框

图 9-1-80   "仅色调均化所选区域"效果图

图 9-1-81   "基于所选区域色调均化整个图像"效果

（10）"匹配颜色"命令

"匹配颜色"命令可以将一个图像（源图像）中的色彩关系映射到另一个图像（目标图像）中，使目标图像产生与源图像相同的色彩。使用"匹配颜色"命令可以便捷地更改图像颜色。"匹配颜色"命令可以在多个图像、图层或者色彩选区之间对颜色进行匹配。

具体的操作方法如下。

① 首先打开需要处理的目标图像"山水.jpg"，山水图像为绿色调。接着选择"文件→打开"命令，在弹出的对话框中选择图像"薰衣草.jpg"图片，该图像为紫色调，如图 9-1-82 所示。

② 选择"山水.jpg"图像所在的图层，然后执行"图像→调整→匹配颜色"命令，弹出"匹配颜色"对话框，设置"源"为"薰衣草.jpg"，然后选择图层，如图 9-1-83 所示。此时山水图像变为紫色调，效果如图 9-1-84 所示。

③ 设置对话框中"明亮度""颜色强度""渐隐"的参数，最后单击"确定"按钮，完成图像匹配颜色，最终效果如图 9-1-85 所示。

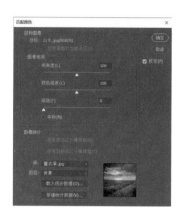

图 9-1-82　薰衣草　　　　　　　　　　　图 9-1-83　匹配颜色源

图 9-1-84　颜色变化　　　　　　　　　　图 9-1-85　处理结果

岗位知识储备——了解数码
照片调色的基本常识

任务 2　完美无瑕数码照片处理

 学习情境描述

　　每个人都希望相片上的自己是完美的，没有瑕疵的。通过本任务的学习，让我们化作美容大师，给素颜拍照的自己换上漂亮的花衣服，去掉脸上讨厌的斑点，制作挺拔的鼻梁，拥有一双完美的眼眸。人像原图如图 9-2-1 所示，修图后的效果如图 9-2-2 所示。

图 9-2-1　人像原图　　　　　　　　　　图 9-2-2　修图后的效果

操作步骤指引

1. 更换衣服图案

① 启动 Photoshop 2023，执行"文件→打开"命令，在"打开"对话框中选择"人像修图 .jpg"素材，单击"打开"按钮，打开如图 9-2-3 所示的人像素材。

② 在图层面板中单击选中"背景"图层，将其拖动到"创建新图层" 回按钮上，复制得到"背景 拷贝"图层。执行"文件→打开"命令，在"打开"对话框中选择"花纹 .jpg"素材，单击"打开"按钮，打开如图 9-2-4 所示的花纹素材。

按住【Ctrl+A】键全选花纹素材，单击"编辑→定义图案"命令，弹出"图案名称"对话框，单击"确定"。

③ 选择人物修图图像，选择工具箱中的"磁性套索工具"，围绕人物的衣服单击鼠标并拖动，绘制出如图 9-2-5 所示的选区。

图 9-2-3　人像素材　　　　图 9-2-4　花纹素材　　　　图 9-2-5　创建衣服选区

④ 按住【Ctrl+J】快捷键，复制选区至新建的图层，得到"图层 1"图层，如图 9-2-6 所示。按住【Ctrl+Shift+U】快捷键，将图层去色（本案例衣服本就是灰色，这一步可以不做）。

⑤ 选中"图层 1"，按住【Ctrl】键的同时单击图层缩略图，载入选区。保留选区，单击"图层"面板下方的"创建新图层"命令，新建"图层 2"。

⑥ 单击"编辑→填充"命令，打开"填充"对话框，"内容"选择"图案"，"自定图案"选择刚才定义的图案，如图 9-2-7 所示。单击"确定"命令，完成图案填充，发现人像右边衣服有拼接不自然的现象，选择"仿制图章工具"，调整画笔大小，在衣服上的合适位置取样，然后在拼接线处涂抹，使衣服拼接处自然过渡，效果如图 9-2-8 所示。

 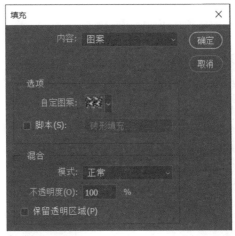 

图 9-2-6　复制图层　　　　图 9-2-7　"填充"对话框　　　　图 9-2-8　图案填充效果

⑦ 设置"图层 2"的"混合模式"为"正片叠底"，如图 9-2-9 所示。单击"调整"面板中的"亮度 / 对比度"按钮，系统自动添加一个"亮度 / 对比度"调整图层，参数设置如图 9-2-10 所示，此时图像效果如图 9-2-11 所示。

图 9-2-9　正片叠底效果

图 9-2-10　调整"亮度 / 对比度"

图 9-2-11　更换衣服图案

2. 打造完美眼眸

① 选择"背景 拷贝"图层，在工具箱中选择"缩放工具"🔍或按快捷键，然后移动光标至图像窗口。这时光标显示为放大形状🔍，在人物脸部按住鼠标并拖动，窗口将放大显示人物脸部，放大到合适大小后释放鼠标，方便后面的操作。

② 选择工具箱中的"套索工具"🔗，沿着人物左眼绘制一个选区，如图 9-2-12 所示。

③ 单击"选择→修改→羽化"命令或按快捷键【Shift+F6】，弹出"羽化选区"对话框，参数设置如图 9-2-13 所示。单击"确定"按钮，退出该对话框。

图 9-2-12　建立选区

图 9-2-13　"羽化选区"对话框

④ 按【Ctrl+J】快捷键，复制选区至新的图层，系统自动生成"图层 3"图层，图层面板如图 9-2-14 所示。

⑤ 按【Ctrl+T】快捷键，进入自由变换状态，对象周围出现控制手柄，在属性栏将水平缩放比例和垂直缩放比例均设置为 115％，如图 9-2-15 所示，按【Enter】键确定操作。

⑥ 单击"调整"面板中的"曲线"按钮📈，添加"曲线"调整图层，单击调整面板中的📌按钮，使此调整只作用于眼睛图像，图层面板如图 9-2-16 所示，调整曲线如图 9-2-17 所示。图像效果如图 9-2-18 所示。通过调整，可使复制的皮肤与原皮肤的颜色进行融合。

图 9-2-14　复制图形

图 9-2-15　设置水平和垂直缩放比例

⑦ 选择"曲线"调整图层的图层蒙版，编辑图层蒙版，设置前景色为黑色，选择"画笔工具" ✎，按【 [】或【] 】键调整合适的画笔大小，在眼珠和眼皮上涂抹，使过渡变得更自然，图像效果如图 9-2-19 所示。

图 9-2-16　图层面板

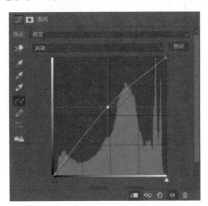

图 9-2-17　调整曲线

图 9-2-18　图像效果

图 9-2-19　图层蒙版

3. 去除面部斑点

① 按下【 Ctrl+Shift+Alt+E 】快捷键将图像前面完成的修饰效果盖印到一个新的图层（图层4）中，如图 9-2-20 所示，按下【 Ctrl+] 】快捷键将它移动到最顶层，如图 9-2-21 所示。

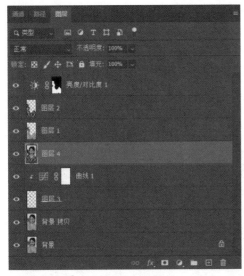

图 9-2-20　盖印图像

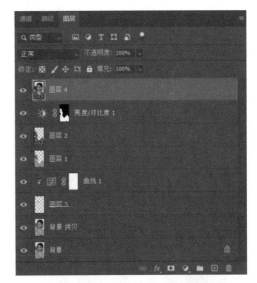

图 9-2-21　调整后盖印图层位置

② 选中"仿制图章工具" 🖳，在属性栏中选择大小合适的画笔，然后移动光标至图像窗口取样位置，按下【 Alt 】键单击鼠标进行取样，如图 9-2-22 所示，此时光标显示为 ⊕ 形状。松开【 Alt 】键，移动光标至斑点处，单击鼠标左键斑点被去除，如图 9-2-23 所示。

图 9-2-22　取样

图 9-2-23　去除斑点

图 9-2-24　去除其他的斑点

图 9-2-25　复制图层

③ 继续使用仿制图章工具，去除所有的斑点，如图 9-2-24 所示。将图层 4 复制一份，图层面板如图 9-2-25 所示。

④ 切换至"通道"面板，选择"绿"通道，单击鼠标并将其拖动至"创建新通道"按钮上，这样便通过复制通道得到了"绿拷贝"通道，如图 9-2-26 所示。

⑤ 执行"滤镜→其他→高反差保留"命令，打开"高反差保留"对话框，参数设置如图 9-2-27 所示，然后单击"确定"按钮。

⑥ 执行"图像→计算"命令，打开"计算"对话框，参数设置如图 9-2-28 所示。单击"确定"按钮，效果如图 9-2-29 所示。运用同样的操作方法，再次执行"图像→计算"命令两次，参数设置不变。

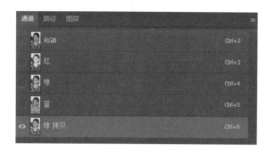
图 9-2-26　复制通道

图 9-2-27　"高反差保留"对话框

图 9-2-28　"计算"对话框

⑦ 按住【Ctrl】键的同时，单击 Alpha3 通道，载入选区，如图 9-2-30 所示。执行"选择→反选"命令，反选选区，单击 RGB 通道，返回至 RGB 通道面板，效果如图 9-2-31 所示。

⑧ 执行"图像→调整→曲线"命令，或按【Ctrl+M】快捷键，弹出"曲线"对话框，参数设置如图 9-2-32 所示，单击"确定"按钮，完成曲线调整，执行"选择→取消选择"命令，或按【Ctrl+D】快捷键，最终效果如图 9-2-33 所示。

图 9-2-29　应用"计算"命令

图 9-2-30　载入选区

图 9-2-31　返回至 RGB 通道效果

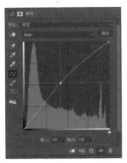
图 9-2-32　"曲线"

图 9-2-33　最终效果

图 9-2-34　图层面板

图 9-2-35　设置颜色

4. 制作挺拔鼻梁

①按下【Ctrl+Shift+Alt+E】快捷键，将图像前面完成的修饰效果盖印到一个新的图层（图层 5）中，如图 9-2-34 所示。

②单击工具箱中的"设置前景色"色块，弹出"拾色器（前景色）"对话框，设置颜色为白色（RGB 参考值均为 250），如图 9-2-35 所示。

③单击"图层"面板中的"创建新图层"按钮▣，新建一个图层 6，选择工具箱中的"画笔工具"▟，在属性栏中设置"硬度"为 0 %，"不透明度"和"流量"均为 80 %，在图像窗口中单击并拖动鼠标，绘制如图 9-2-36 所示的高光。在绘制的时候，可通过按【]】键和【[】键调整画笔至合适的大小。

图 9-2-36　绘制高光

图 9-2-37　图层属性

图 9-2-38　"柔光"效果

图 9-2-39　颜色设置

④设置"图层 6"图层的"混合模式"为"柔光"，"不透明度"为 53 %，图层面板如图 9-2-37 所示，图像效果如图 9-2-38 所示。

⑤单击工具箱中的"设置前景色"色块，弹出"拾色器（前景色）"对话框，设置颜色为浅棕色，参数设置如图 9-2-39 所示。

图 9-2-40　绘制阴影

图 9-2-41　设置图层属性

图 9-2-42　最终效果

⑥绘制鼻子的阴影。单击"图层"面板中的"创建新图层"按钮▣，新建"图层 7"图层，选择工具箱中的"画笔工具"▟，绘制如图 9-2-40 所示的效果，在绘制的过程中，可运用"橡皮擦工具"▟擦除多

余的部分。

⑦设置"图层7"图层的"混合模式"为"变暗"，"不透明度"为28%，图层面板如图9-2-41所示，图像最终效果如图9-2-42所示。

5. 改变口红颜色

①选择"图层5"为当前编辑图层，选择工具箱中的"磁性套索工具"，围绕人物嘴唇范围单击并拖动鼠标，建立如图9-2-43所示的选区。

②继续运用"磁性套索工具"，按下属性栏中的"从选区减去"按钮，围绕人物牙齿范围单击并拖动鼠标，取消对牙齿部分的选择，得到人物嘴唇部分的选区，如图9-2-44所示。

图9-2-43　建立选区　　　　　图9-2-44　减去选区　　　　　图9-2-45　"羽化选区"参数设置

③执行"选择→修改→羽化"命令，按快捷键【Shift+F6】，弹出"羽化选区"对话框，参数设置如图9-2-45所示。单击"确定"按钮，退出该对话框。

④按【Ctrl+U】快捷键，弹出"色相/饱和度"对话框，在该对话框中进行参数设置，如图9-2-46所示。单击"确定"按钮，退出该对话框，调整后的效果如图9-2-47所示。

⑤执行"选择→取消选择"命令，或按【Ctrl+D】快捷键，取消选择，最终效果如图9-2-48所示。

图9-2-46　"色相/饱和度"对话框　　　图9-2-47　调整后的效果　　　图9-2-48　最终效果

 合理利用专业技术——守法

在Photoshop的学习中，同学们进入了电脑艺术摄影的殿堂，能够亲身感受、探寻其中的奥妙，但在学习过程中，一定要遵守法律法规，不能触犯法律底线，千万不要用图像处理技术进行伪造、欺骗甚至犯罪。《中华人民共和国民法典》第一千零一十九条规定："任何组织或者个人不得以丑化、污损，或者利用信息技术手段伪造等方式侵害他人的肖像权。"高度发达的科学技术是一把双刃剑，我们不仅仅在学习上要有所成就，更要具有良好的思想道德和法律意识。

技能拓展

➡ 知识树

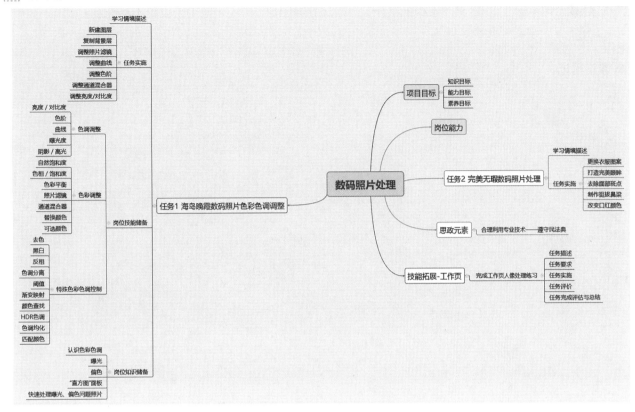

➡ 习题

1. 下列关于"色相 / 饱和度"的说法不正确的是（　　）。

    A. "饱和度"主要用于更改颜色的浓度

    B. "明度"主要用于更改颜色的明暗度

    C. 只能调整幅图像的颜色，不能调整单个颜色

    D. 所使用的快捷键是 Ctrl+U

2. 以下说法错误的是（　　）。

    A. 图像的"通道混和器"源通道数目由其颜色模式确定

    B. "通道混和器"对话框中若选择"单色"复选框可将彩色图像变为灰度模式的图像

    C. "色相 / 饱和度"三个游标与"替换颜色"三个游标的作用相同

    D. "色调均化"可以实现"自动色阶"的功能

3. 下列关于"替换颜色"命令的描述不正确的是（　　）。

    A. 可为选定的颜色改变其色相、饱和度和亮度

    B. 该对话框中的三个吸管工具是为选择图像的色彩范围而设置的

    C. 在该对话框中预览选区时，会出现有效区域的灰度图像，呈白色的是无效的区域，呈黑色的是有效区域

    D. 在该对话框中，可选择预览选区或预览图像

4. 使用"色彩平衡"命令调整色彩时，不包括的调整项目是（　　）。

    A. 对比度　　　　　　B. 高光　　　　　　C. 中间调　　　　　　D. 暗调

5.将图层创建成图层蒙版后，在图像上涂抹黑色表示（　　）。

A. 隐藏图像　　　　　　B．显示图像　　　　　C.删除图像　　　　　　D．设置不透明度

➡ 课堂笔记

项目十　网页设计

在网站规划建设中,网页设计是至关重要的一环,它关系到网站能否吸引更多人的眼球,直接反映为网站的点击率,而点击率正是网站的生命所在。所以网页设计是否美观、规范、合理,越来越受到网页设计者的关注。Photoshop 图形图像处理软件可以对网页进行整体规划,增加网页的美观度。

- 任务1　　科创企业网页设计
- 任务2　　中国梦网页 banner 设计

岗位能力

熟悉网页的设计理念,能够进行网页界面的设计并合理切片,并能制作网页所需的图片、动画等元素。

项目目标

1. 知识目标
① 了解网页设计的方法。
② 了解网页 banner 设计的方法。

2. 能力目标
① 掌握切片工具的使用方法。
② 掌握设置 GIF 动画的方法。

3. 素养目标
① 培养科技创新精神。
② 培养爱国热情。

任务 1　科创企业网页设计

学习情境描述

科创企业为了更好地宣传企业产品、企业服务及企业文化,需要制作企业网站。现在,需要对网站首页进行整体布局设计,请你根据企业的要求使用 Photoshop 软件来设计首页,并生成相关的素材文件,如图 10-1-1 所示。

图 10-1-1　"科创科技网页设计"效果

✎ **操作步骤指引**

1. 新建文档

选择菜单"文件→新建"命令，新建一个文件，文件名为"科创科技"，宽度为 1920 像素，高度为 3000 像素，分辨率为 72 像素 / 英寸，颜色模式为 RGB 颜色，背景内容为白色，单击"创建"按钮。

2. 设置参考线

选择菜单"视图→参考线→新建参考线"命令，新建 6 条垂直参考线，"位置"数值分别是 100 像素、600 像素、710 像素、1210 像素、1320 像素、1820 像素。新建 13 条水平参考线，"位置"数值分别是 110 像素、180 像素、830 像素、960 像素、1210 像素、1310 像素、1650 像素、1750 像素、2090 像素、2190 像素、2320 像素、2690 像素、2920 像素。"新参考线"对话框如图 10-1-2 所示，参考线布局如图 10-1-3 所示。

图 10-1-2　"新参考线"对话框

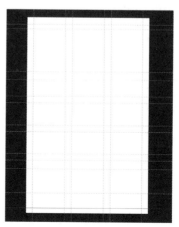

图 10-1-3　参考线布局

3. 制作网页的 logo

① 单击"图层"面板底部的"创建新组"按钮▣，新建图层组"logo"。

② 选择工具箱中的"椭圆工具"▣，属性栏设置如图 10-1-4 所示，设置"填充"为无，"描边"选择红色（＃ff0000），"描边宽度"为 2 像素，"描边类型"为实线，"宽度"和"高度"为 87 像素，在左上角单击鼠标，绘制红色正圆，"图层"面板的形状图层命名为"红色圆"。

图 10-1-4 "椭圆工具"属性栏

③ 选择工具箱中的"横排文字工具"，设置字体为"黑体"，字号为 36 点，颜色为"#b81111"，输入文字"科创"。右键单击该图层，在弹出的快捷菜单中选择"栅格化文字"。按住【Ctrl】键单击"科创"图层，创建选区。单击工具箱中的"套索工具"▣，在属性栏中选择"从选区减去"按钮▣，在选区左上部分绘制，得到右下部分选区，填充颜色为"#e4a224"。

④ 选择工具箱中的"横排文字工具"，设置字体为"黑体"，字号为 32 点，颜色为"＃504a4a"，输入文字"Science & technology"。logo 效果如图 10-1-5 所示。

图 10-1-5　logo 效果

4. 制作"咨询热线"

① 单击"图层"面板底部的"创建新组"按钮▣，新建图层组"咨询热线"。

② 将"咨询热线 .png"拖入文档，调整大小及位置。选择工具箱中的"横排文字工具"，设置字体为"黑体"，字号为 36 点，颜色为黑色，输入"咨询热线：000-666666666"。"咨询热线"效果如图 10-1-6 所示。

图 10-1-6　"咨询热线"效果

5. 制作"导航栏"

① 单击"图层"面板底部的"创建新组"按钮▣，新建图层组"导航栏"。

② 单击"图层"面板底部的"创建新图层"按钮▣，新建图层"导航条"。选择工具箱中的"矩形选框工具"按钮▣，在第 1 和第 2 条水平参考线之间拖动出矩形选区，设置填充矩形选区颜色为"#1251a0"。

③ 选择工具箱中的"横排文字工具"，设置字体为"黑体"，字号为 24 点，颜色为白色，在"导航条"位置输入文字"首页 关于科创 服务领域 新闻中心 联系我们"。"导航栏"效果如图 10-1-7 所示。

图 10-1-7　"导航栏"效果

6. 制作"banner"

① 单击"图层"面板底部的"创建新组"按钮 ▢ ，新建图层组"banner"。

② 将"banner.jpg"拖入文档，放置在第 2 条和第 3 条水平参考线中间。"banner"效果如图 10-1-8 所示。

图 10-1-8　"banner"效果

7. 制作"科创科技"板块

① 单击"图层"面板底部的"创建新组"按钮 ▢ ，新建图层组"科创科技"。

② 选择工具箱中的"横排文字工具"，设置字体为"黑体"，字号为 32 点，颜色为黑色，输入文字"科创科技"。

③ 选择工具箱中的"横排文字工具"，设置字体为"黑体"，字号为 18 点，颜色为"#226ac4"，输入文字"ABOUT KECHUANG"。

④ 选择工具箱中的"横排文字工具"，设置字体为"华光行楷 _CNKI"，字号为 60 点，颜色为黑色，输入文字"我们"。设置字号为 36 点，颜色设置为黑色，输入文字"About us""28 年""系统集成及运维经验""40 资质""高品质 高保障"，设置"About us""28""40"颜色为"# fd3430"。

⑤ 选择工具箱中的"横排文字工具"，设置字体为"华光行楷 _CNKI"，设置字号为 24 点，颜色为"# 797775"，输入文字"专业专注 科技创新 绿色智慧 共创共享""成立于 1993 年，位于高新区，立足于科技领域的前沿，以信息技术服务为主导""获得 40 余项资质 软件著作权及专利 为广大客户信息系统建设及运维提供品质保障"。"科创科技"板块效果如图 10-1-9 所示。

图 10-1-9　"科创科技"板块效果

8. 制作"服务领域"板块

① 单击"图层"面板底部的"创建新组"按钮▣，新建图层组并命名为"服务领域"。

② 单击"图层"面板底部的"创建新图层"按钮▣，新建图层命名为"服务领域背景"。选择工具箱中的"矩形选框工具"按钮▣，在第 5 条和第 10 条水平参考线之间拖动出矩形选区，设置填充矩形选区颜色为"# f6f6f6"。

③ 选择工具箱中的"横排文字工具"，设置字体为"黑体"，字号为 32 点，颜色为黑色，输入文字"服务领域"。

④ 选择工具箱中的"横排文字工具"，设置字体为"黑体"，字号为 18 点，颜色为"# 226ac4"，输入文字"SERVICE AREAS"。

⑤ 将"信息 .png""IDC.png""IT.png""云计算 .png""信息安全 .png""智慧城市 .png"拖入文档，放置在指定位置。

⑥ 选择工具箱中的"横排文字工具"，设置字体为"微软雅黑"，字号为 20 点，颜色为黑色，分别输入文字"信息 / 通信 / 自动化专业解决方案与服务""IDC 数据中心、电力调度控制中心、应急指挥中心""IT 网络解决方案及服务管家式体验""云计算与大数据解决方案与服务""信息安全综合建设与服务""智慧城市 / 园区建设与服务"。"服务领域"板块效果如图 10-1-10 所示。

图 10-1-10　"服务领域"板块效果

9. 制作"科创文化"板块

① 单击"图层"面板底部的"创建新组"按钮▣，新建图层组并命名为"科创文化"。

② 选择工具箱中的"横排文字工具"，设置字体为"黑体"，字号为 32 点，颜色为黑色，输入文字"科创文化"。

③ 选择工具箱中的"横排文字工具"，设置字体为"黑体"，字号为 18 点，颜色为"#226ac4"，输入文字"KECHUANG CULTURE"。

④ 单击"图层"面板底部的"创建新图层"按钮▣，新建图层命名为"蓝条 1"。选择工具箱中的"矩形选框工具"按钮▣，拖动出矩形选区，设置填充矩形选区颜色为"# f6f6f6"。

⑤ 选择工具箱中的"三角形工具"按钮▲，其属性栏设置如图 10-1-11 所示，设置"填充"为"#1251a0"，

"描边"为无，"描边宽度"为 0 像素，"宽度"为 18 像素，"高度"为 10 像素，在蓝条上方中间位置绘制三角形，"图层"面板的形状图层命名为"三角形 1"。

图 10-1-11　"三角形工具"属性栏

⑥ 按住【Ctrl】键同时选择"蓝条 1"图层和"三角形 1"图层，拖动到"图层"面板底部的"创建新图层"按钮 ，选择工具箱中的"移动工具"按钮 ，将复制的蓝条及三角形移到右侧第二块位置，并将颜色填充为"#666666"，将图层重名为"灰条"和"三角形 2"。

⑦ 按住【Ctrl】键同时选择"蓝条 1"图层和"三角形 1"图层，拖动到"图层"面板底部的"创建新图层"按钮 ，选择工具箱中的"移动工具"按钮 ，将复制的蓝条及三角形移到右侧第三块位置，将图层重名为"蓝条 2"和"三角形 3"。长条效果如图 10-1-12 所示。

科创文化
KECHUANG CULTURE

图 10-1-12　长条效果

⑧ 将"五种工作状态 .png""五种工作能力 .png""六种工作态度 .png"拖入文档，放置在指定位置。

⑨ 选择工具箱中的"横排文字工具"，设置字体为"黑体"，字号为 24 点，颜色为黑色，分别输入文字"五种工作状态""五种工作能力""六种工作态度"。

⑩ 设置字体为"黑体"，字号为 18 点，颜色为"#797775"，分别输入文字"主动工作、激情工作、和谐工作、创新工作、高效工作""终身学习的能力、组织策划的能力、沟通协调的能力、发现问题和解决问题的能力""事事有交代、事事有着落、事事有回音、事事有责任、事事有担当、事事有始有终"。"科创文化"板块效果如图 10-1-13 所示。

图 10-1-13　"科创文化"板块效果

10. 制作"联系我们"板块

① 单击"图层"面板底部的"创建新组"按钮 ，新建图层组"联系我们"。

② 单击"图层"面板底部的"创建新图层"按钮 ，新建图层命名为"联系我们背景"。选择工具箱中的"矩形选框工具"按钮 ，在第 11 条和第 12 条水平参考线之间拖动出矩形选区，设置填充矩形选区颜色为"#666666"。

③选择工具箱中的"横排文字工具"，设置字体为"黑体"，字号为18点，颜色为白色，分别输入文字"联系我们""地址：高新区科技街138号科技中心1号楼903""电话：000-666666666""关注微信公众号"。

④将"位置.png""phone.png""公众号.png"拖入文档，放置在指定位置。

⑤单击"图层"面板底部的"创建新图层"按钮 回 ，新建图层命名为"联系我们背景"。选择工具箱中的"矩形选框工具"按钮 ，在电话下方拖动出矩形选区，设置填充矩形选区颜色为"#9a9a9a"。选择工具箱中的"横排文字工具"，设置字体为"黑体"，字号为16点，颜色为白色，输入文字"咨询留言"。

⑥选择工具箱中的"直线工具" ，其属性栏设置如图10-1-14所示，设置"填充"为无，"描边"选择白色，"描边宽度"为2像素，"描边类型"为实线，在当前板块中间绘制垂直线，"图层"面板的形状图层命名为"直线"。"联系我们"板块效果如图10-1-15所示。

图10-1-14　"直线工具"属性栏

图10-1-15　"联系我们"板块效果

11. 制作"版权"板块

①单击"图层"面板底部的"创建新组"按钮 ，新建图层组"版权"。

②单击"图层"面板底部的"创建新图层"按钮 ，新建图层命名为"版权背景"。选择工具箱中的"矩形选框工具"按钮 ，在最下方拖动出矩形选区，设置填充矩形选区颜色为"#323232"。

③选择工具箱中的"横排文字工具"，设置字体为"黑体"，字号为16点，颜色为白色，输入文字"Copyright © 2023 创新科技有限公司 ALL Right Reserved 提供企业云服务　网站地图　京ICP备2023666666号"。

12. 制作切片

①如果工具栏中没有切片工具，可以单击工具箱中的"编辑工具栏"按钮 ，在弹出的"自定义工具栏"对话框中将"切片工具"拖动到"附加工具"栏，单击"完成"按钮，如图10-1-16所示。

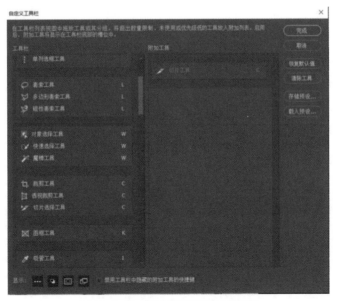

图10-1-16　"自定义工具栏"对话框

②单击工具箱中的"切片工具"按钮 ![tool icon]，对网页元素进行切片，切片效果如图 10-1-17 所示。

③选择菜单"文件→导出→存储为 Web 所用格式"命令，打开"存储为 Web 所用格式"对话框，如图 10-1-18 所示。单击"存储"按钮，选择存储位置，选择保存格式为"HTML 和图像"，进行保存。

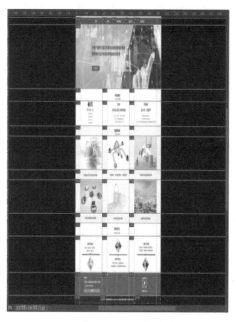

图 10-1-17　切片效果图

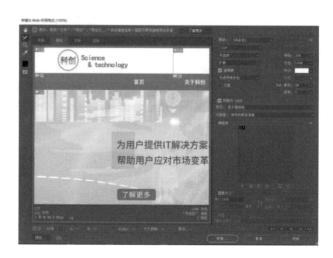

图 10-1-18　"存储为 Web 所有格式"对话框

 中华崛起的动力——科技创新

科技创新是国家和民族强盛的坚实保障。科学技术是立国之本、兴国之器、强国之基。从"向自然界开火，进行技术革新和技术革命"，到"科学技术是第一生产力"，到"建设创新型国家"，再到"坚定不移推进体制创新、科技创新，落实创新驱动发展战略"，表明我国对科技创新的重视程度始终未变。

任务 2　中国梦网页 banner 设计

 学习情境描述

在中国历史上，从春秋战国的百家争鸣，到四大发明，中国梦是九曲黄河的奔流不息，也是珠穆朗玛峰的毅然屹立。中国梦，我的梦，你的梦，今天，我们就用智慧的双手来设计一个如图 10-2-1 所示的"中国梦网页 banner"，用知识来践行我们的中国梦。

图 10-2-1　"中国梦网页 banner 设计"效果

操作步骤指引

1.新建文档

选择菜单"文件→新建"命令，新建一个文件，文件名为"中国梦践行者"，宽度1920像素，高度520像素，分辨率72像素/英寸，颜色模式为RGB颜色，背景内容为白色，单击"创建"按钮。

2.制作背景

①单击"图层"面板底部的"创建新组"按钮 🗔，新建图层组"背景"。

②单击"图层"面板底部的"创建新图层"按钮 🖽，新建图层"红底"。

③选择工具箱中的"设置前景色"按钮 🎨，设置颜色为"#f14040"，选择工具箱中的"画笔工具"按钮 🖊，在"画笔工具"属性栏中选择"特殊效果画笔"中的"Kyle的喷溅画笔–高级喷溅和纹理"，"大小"设置为5000像素。在文档中单击3次，喷溅画笔设置及红底喷绘效果如图10-2-2、图10-2-3所示。

图10-2-2　喷溅画笔设置属性栏

图10-2-3　红底喷绘效果

④选择工具箱中的"涂抹工具"按钮 🖌，在"涂抹工具"属性栏中选择"湿介质画笔"中的"Kyle的绘画盒–潮湿混合器50"，"大小"设置为50像素。在文档中进行涂抹，涂抹工具设置及涂抹效果如图10-2-4、图10-2-5所示。

图10-2-4　涂抹工具设置

图10-2-5　涂抹效果

⑤新建图层命名为"白墨1"。选择工具箱中的"设置前景色"按钮 🎨，设置颜色为白色，选择工具箱中的"画笔工具"按钮 🖊，在"画笔工具"属性栏中选择"特殊效果画笔"中的"Kyle的喷溅画笔–高级喷溅和纹理"，"大小"设置为5000像素。

⑥重复上面步骤⑤两次，在新建的"白墨2"和"白墨3"中进行喷绘，喷绘效果如图10-2-6所示。

图 10-2-6　白墨喷绘效果

3. 制作条框

① 单击"图层"面板底部的"创建新组"按钮█，新建图层组"条框"。

② 单击"图层"面板底部的"创建新图层"按钮█，新建图层命名为"长条"。选择工具箱中的"矩形选框工具"按钮█，在文档中绘制长条矩形选区。选择工具箱中的"渐变工具"█，在属性栏设置渐变色为"# ee7325、# fff330、#ee7325"，选择"线性渐变"，在长条中从左到右拖曳，效果如图 10-2-7 所示。

图 10-2-7　长条效果

③ 选择菜单"滤镜→杂色→添加杂色"命令，打开"添加杂色"对话框，如图 10-2-8 所示。选择"高斯分布"，"数量"设置为 15 %，单击"确定"按钮。"添加杂色"对话框及长条最终效果如图 10-2-8、图 10-2-9 所示。

图 10-2-8　"添加杂色"对话框

图 10-2-9　长条最终效果

④ 单击"图层"面板底部的"创建新图层"按钮█，新建图层"矩形框"。选择工具箱中的"矩形工具"█，属性栏设置如图 10-2-10 所示，设置"填充"为无，"描边"选择红色（# ff0000），"描边宽度"为 8 像素，"描边类型"为实线，在长条周围拖动绘制矩形框，"图层"面板的形状图层命名为"矩形框"。右键单击"矩形框"图层，在弹出的菜单中选择"栅格化图层"。选择工具箱中的"渐变工具"█，在属性栏设置渐变色为"# ff0000、# f88f8f、# ff0000"，选择"线性渐变"，按住【Ctrl】键单击"矩形框"图层，生成选区，在矩形框中从左到右拖曳，选择工具箱中的"橡皮擦工具"█，对矩形框进行擦除，矩形框最终效果如图 10-2-11 所示。

图 10-2-10　"矩形工具"属性栏

图 10-2-11　矩形框最终效果

4. 制作文字

① 单击"图层"面板底部的"创建新组"按钮▢，新建图层组"文字"。

② 选择工具箱中的"横排文字工具"，设置字体为"华光行楷 _CNKI"，颜色为黑色，分别输入文字"中""国""梦""践""行""者"，字号分别是 260 点、260 点、320 点、200 点、200 点、200 点。同时选择 6 个文字图层，右键单击鼠标，在弹出的快捷菜单中选择"栅格化文字"。将 6 个图层拖动到"图层"面板中的"创建新图层"按钮▣，将复制的图层分别命名为"中阴影""国阴影""梦阴影""践阴影""行阴影""者阴影"，设置阴影层文字颜色为"# 4a1111"，并将阴影图层调整到对应文字图层下方。文字图层位置及命名如图 10-2-12 所示。

图 10-2-12　文字图层位置及命名

③ 选择"中"图层，单击"图层"面板底部的"添加图层样式"按钮 fx.，选择"渐变叠加"选项，如图 10-2-13 所示，在弹出的"图层样式"对话框中，设置"混合模式"为"正常"，"不透明度"为 100 %，"样式"为对称的，"角度"为 90°，渐变色为"#ede61b、#f09608"。

④ 选择"斜面和浮雕"选项，"样式"为内斜面，"方法"为雕刻清晰，"深度"为 300 %，"光泽等高线"为环形，"角度"为 120°，如图 10-2-14 所示。

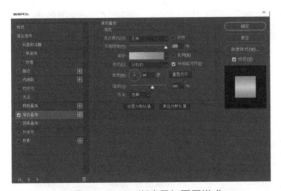

图 10-2-13　渐变叠加图层样式

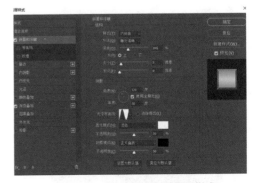

图 10-2-14　斜面和浮雕图层样式

⑤ 右键单击"中"图层，在弹出的快捷菜单中选择"拷贝图层样式"，分别右键单击另外 5 个文字图层，

在弹出的快捷菜单中选择"粘贴图层样式"。效果如图 10-2-15 所示。

图 10-2-15 文字图层样式

⑥ 选择"中阴影"图层，选择菜单"滤镜→模糊→高斯模糊"命令，设置"半径"为 10 像素，单击"确定"按钮，选择工具箱中的"移动工具"按钮 ![移动工具]，将阴影向右下方拖动，形成阴影效果。使用同样的方法设置其他 5 个图层的阴影效果，效果如图 10-2-16 所示。

图 10-2-16 添加文字阴影效果

⑦ 选择"长条"图层，选择菜单"滤镜→渲染→镜头光晕"命令，在"镜头光晕"对话框中设置"亮度"为 100%，"镜头类型"为电影镜头，单击"确定"按钮。"镜头光晕"对话框如图 10-2-17 所示。

⑧ 右击"梦"图层，在弹出的快捷菜单中选择"栅格化图层样式"。选择"梦"图层，选择菜单"滤镜→杂色→添加杂色"命令，打开"添加杂色"对话框，选择"高斯分布"，"数量"设置为 25%，单击"确定"按钮。选择菜单"滤镜→液化"命令，打开"液化"对话框，选择"顺时针旋转扭曲工具" ![顺时针旋转扭曲工具]，对文字左侧两撇进行液化，效果如图 10-2-18 所示。

图 10-2-17 "镜头光晕"对话框

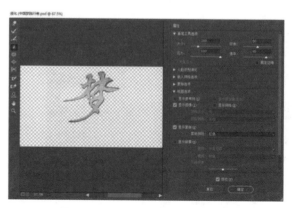

图 10-2-18 "液化"对话框

⑨ 选择"梦"图层，单击"图层"面板底部的"添加图层样式"按钮 **fx**，选择"光泽"选项，在弹出的"图层样式"对话框中，设置"混合模式"为"叠加"，"颜色"为"# f46868"，"不透明度"为77 %。"梦"字效果如图10-2-19所示。

图10-2-19　"梦"字效果

5. 制作星光

① 单击"图层"面板底部的"创建新组"按钮 ▢，新建图层组"星光"。

② 单击"图层"面板底部的"创建新图层"按钮 ▣，新建图层"星星"。选择工具箱中的"画笔工具"按钮 🖊，在属性栏中选择"柔边画笔"，"大小"为50像素，选择工具箱中的"设置前景色"为白色，用白色画笔在"梦"字左上角单击，按【Ctrl+T】键自由变换，按【Shift】键向下压扁至一条线条。按【Ctrl+J】键复制并提取出"星星 拷贝"图层，按【Ctrl+T】键自由变换，单击鼠标右键，在弹出的快捷菜单中选择"顺时针旋转90度"，生成一个十字架星光。

③ 单击"图层"面板底部的"创建新图层"按钮 ▣，新建图层"光圈"。选择工具箱中的"画笔工具"按钮 🖊，在属性栏中选择"柔边画笔"工具，"大小"为40像素，"不透明度"为100 %，选择工具箱中的"设置前景色"为白色，用白色画笔在十字架星光正中间单击，完成星光绘制。按住【Shift】键选择"星光"组中的三个图层，右键单击，在弹出的快捷菜单中选择"链接图层"选项。

④ 将"星光"组拖动到"图层"面板底部的"创建新图层"按钮 ▣ 两次，选择工具箱中的"移动工具"按钮 ✛，将复制的星光分别移动到"国"字左上角和"行"字右下角，效果如图10-2-20所示。

图10-2-20　"星光"效果

6. 制作动画效果

① 选择菜单"窗口→时间轴"命令，打开"时间轴"面板，选择面板中间的"创建帧动画"选项，并单击"创建视频时间轴"按钮，此时只有一帧，时间轴面板如图10-2-21所示，创建帧动画时间轴面板如图10-2-22所示。

图10-2-21　时间轴面板

图10-2-22　创建帧动画时间轴面板

② 单击0秒右侧的"选择帧延迟时间"，选择1.0秒，单击"时间轴"面板底部的"复制所选帧"按钮 ▣ 2次，选择第1帧，将"背景"组的"白墨2"图层设置为不可见。选择第2帧，将"白墨1""白墨2"

图层设置为可见，"白墨 3"图层设置为不可见。选择第 3 帧，将"白墨 2""白墨 3"图层设置为可见，"白墨 1"图层设置为不可见。设置"选择循环选项"为"永远"，单击"播放动画"按钮 ▶ 可以查看白墨进行切换的动画效果。参数设置如图 10-2-23、图 10-2-24 所示。

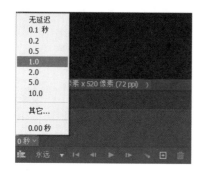

图 10-2-23　选择帧延迟时间

图 10-2-24　设置图层可见性

③ 单击"帧动画时间轴"面板左下角的"转换为视频时间轴"按钮 ，切换到"视频时间轴"面板。选择"视频时间轴"面板中的"梦"字面板，展开其属性栏。单击"不透明度"左侧的"启用关键帧动画"按钮 ，添加 3 个关键帧，选择中间的关键帧，选择"图层"面板中的"梦"图层，修改"不透明度"为 50 %，设置第 1 帧和第 3 帧的图层不透明度为 100 %。按空格键可以查看动画效果，如图 10-2-25 所示。用同样的方法设置 3 个"星光"的不透明度动画从 100 % 到 30 %，再到 100 %。

图 10-2-25　改变不透明度后的动画效果

④ 选择菜单"文件→导出→存储为 Web 所用格式"命令，打开"存储为 Web 所用格式"对话框，单击"存储"按钮，选择文件保存位置及保存格式为"仅限图像"，单击"保存"按钮，将图像存储为 GIF 动画格式，动画效果见"中国梦践行者.gif"，如图 10-2-26 所示。

图 10-2-26　中国梦践行者动画效果

中国梦——我们的复兴梦

"中国梦"定义为"实现中华民族伟大复兴，就是中华民族近代以来最伟大梦想"，并且表示这个梦"一定能实现"。"中国梦"的核心目标也可以概括为"两个一百年"奋斗目标，也就是：中国共产党成立 100 周年和中华人民共和国成立 100 周年时，逐步并最终顺利实现中华民族的伟大复兴。

 岗位技能储备——切片应遵循的原则

①依靠参考线。设计时需要用到参考线，切图时更要用好参考线。参考线能保证我们切出的图在同一表格中的尺寸统一协调，有效避免"留白"和"爆边"。

② logo 和 banner 必切。主要是为预先设计的 logo 和 banner 留下空间，在 Dreamweaver 整合时最好不用 logo 和 banner 的切片，而是直接用源文档。

③虚线和转角形状必切。虚线和转角形状在 Dreamweaver 不能实现，只能使用 Photoshop 切片。

④渐变必切。这也是 Dreamweaver 实现不了的。

⑤大图必切。大的图像必须切分成均匀图，这样可以提高网页下载速度。

⑥特殊文字效果必切。除黑体和宋体外，其他字体必须切片。

⑦导航条必切。导航条都是特别设计的，因此必须形成切片供后期使用。

⑧有效存储切片。存储切片时用"文件→存储为 Web 所用格式"命令。切片存储格式要求一般存为 GIF 格式。GIF 格式占用内存小。要求较高的图像存储为 JPEG 格式，JPEG 格式能显示更多的图片细节。

岗位知识储备——用 Photoshop
设计网页时应注意的问题

技能拓展

➡ **知识树**

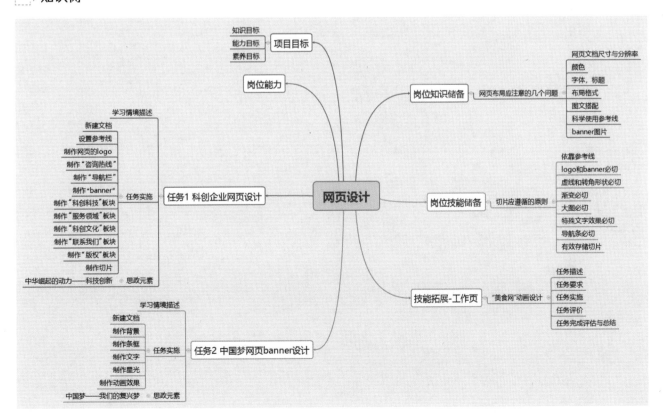

➡ 习题

1. 在网页切片中，以下说法不正确的是（　　）。

　　A. 虚线和转角形状必切　　　　　　　　B. 渐变必切

　　C. 切得越小越好　　　　　　　　　　　　D. 导航条必切

2. 用 Photoshop 设计网页时，网页文档分辨率最好是（　　）。

　　A. 600 像素　　　　　　B. 72 像素　　　　　　C. 80 像素　　　　　　D. 300 像素

3. 以下（　　）命令能一次清除所有的参考线。

　　A. 视图→参考线→清除参考线　　　　　B. 窗口→参考线→清除参考线

　　C. 视图→参考线→清除　　　　　　　　D. 窗口→参考线→清除

➡ 课堂笔记